环境科学丛书

Series of Environmental Science

神奇的生物圈

张 哲 编著

大连出版社

© 张哲 2015

图书在版编目（CIP）数据

神奇的生物圈/张哲编著. －大连：大连出版社，2015.7（2019.3 重印）
（环境科学丛书）
ISBN 978-7-5505-0914-6

Ⅰ. ①神… Ⅱ. ①张… Ⅲ. ①生物圈—青少年读物 Ⅳ. ①Q148-49

中国版本图书馆 CIP 数据核字 (2015) 第 143770 号

环境科学丛书
Series of Environmental Science

神奇的生物圈

出 版 人：刘明辉
策划编辑：金东秀
责任编辑：金东秀　金　琦
封面设计：李亚兵
责任校对：张　斌
责任印制：徐丽红

出版发行者：大连出版社
　　地址：大连市高新园区亿阳路 6 号三丰大厦 A 座 18 层
　　邮编：116023
　　电话：0411-83620941　0411-83621075
　　传真：0411-83610391
　　网址：http：//www.dlmpm.com
　　邮箱：jdx@dlmpm.com
印 刷 者：保定市铭泰达印刷有限公司
经 销 商：全国新华书店

幅面尺寸：160 mm × 223 mm
印　　张：8
字　　数：120 千字
出版时间：2015 年 7 月第 1 版
印刷时间：2019 年 3 月第 4 次印刷
书　　号：ISBN 978-7-5505-0914-6
定　　价：23.80 元

版权所有　侵权必究
如有印装质量问题，请与印厂联系调换。电话：0312-3204986

我们是大自然的一分子,
珍爱大自然就是珍爱我们自己。
保护环境,人人有责。
爱护环境,从我做起。

地球是我们人类赖以生存的家园。以人类目前的认知,宇宙中只有我们生存的这颗星球上有生命存在,也只有在地球上,人类才能生存。自古以来,人类就凭借双手改造着自然。从上古时的大禹治水到今日的三峡工程,人类在为自己的生活环境而不断改造着自然的同时,也制造着环境问题,比如森林过度砍伐、大气污染、水土流失……

每个人都希望自己生活在一个舒适的环境中,而地球恰好为人类的生存提供了得天独厚的条件。然而,伴随着社会发展而来的,是各种反常的自然现象:从加利福尼亚的暴风雪到孟加拉平原的大洪水,从席卷地中海沿岸的高温热流到持续多年无法缓解的非洲草原大面积干旱,再到1998年我国肆虐的洪水。清水变成了浊浪,静静的流淌变成了怒不可遏的挣扎,孕育变成了肆虐,"母亲"变成了"暴君"。地球仿佛在发疟疾似的颤抖,人类对此却束手无策。"厄尔尼诺",这个挺新鲜的名词,像幽灵一样在世界徘徊。人类社会在它的缔造者面前,也变得光怪陆离,越来越难以驾驭了。

出版这套丛书就是为了使广大青少年读者能够全面、系统地认识我们人类已经或即将面对的各种环境污染问题,唤醒我们爱护环境、保护环境的心。让我们从一点一滴的环保行动做起,从这一刻开始,不因善小而不为,在以后的生活中多一分关注,多一分共同承担,用小行动保护大地球!

1	生态系统	38	恐怖的油污
2	生物圈	40	珊瑚礁
4	生态平衡	42	细小的昆虫
6	微小的生命	44	昆虫王国
8	保护动物	46	寄生昆虫
10	动物园惨案	48	虫　灾
12	绿色精灵	50	人工森林
14	光合作用	52	沙漠里的生态
16	植物保护	54	变色的桦尺蛾
18	有用的森林	56	人类与进化
20	天然的空调		
22	植物的敌与友		
24	和植物做朋友		
26	植物传说		
28	保护湿地		
30	水中精灵		
32	鲸鱼不是鱼		
34	海洋里的朋友		
36	纽芬兰渔场		

58　令人忧虑的转基因
60　保护土壤的植物
62　不断减少的植被
64　不断消失的土地
66　草原生物
68　海獭和海胆
70　身边的鸟类
72　鸟类的天敌
74　身边的哺乳动物
76　灵长动物
78　狼和鹿
80　食物链
82　森林的危机
84　麻雀和樱桃
86　企鹅体内的农药
88　DDT 的巨大危害
90　DDT 的功过
92　蚂蚁的共生生活
94　蚂蚁和蓝蝶
96　欧洲蓝蝶的消失

98　濒危的生物
100　外来生物入侵
102　一物降一物
104　烦恼的夏威夷
106　人兔大战
108　蛇的命运
110　恐怖的老鼠
112　间接伤害
114　生态系统中的水
116　人口危机
118　保护生态

生态系统

为了生存和繁衍，每一种生物都要从周围的环境中吸取空气、水分、阳光、热量和营养物质；生物生长、繁育和活动过程中又不断向周围的环境释放和排泄各种物质，死亡后的残体也复归环境。所有生物都依照这个规律生活在一个生态系统中。

生态系统的定义

经过长期的自然演化，每个区域的生物和环境之间、生物和生物之间，都形成了一种相对稳定的结构，具有相应的功能，这就是人们常说的生态系统。

完整的环节

生态系统就好像一条繁忙循环的高速公路，任何一段发生事故，都会影响到整条公路的畅通。生态系统也是这样，一个环节被影响就会导致其他生物被牵连。因此，保护生态系统就必须重视每一个环节的衔接。

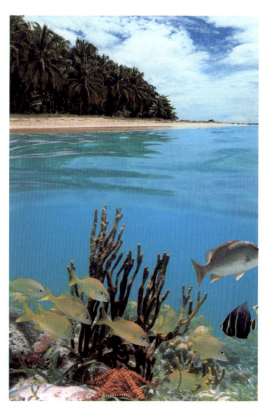

▲ 生态系统

生物圈

任何生态系统的繁荣程度都取决于能量、水和生物在这个系统中的数量。生物圈包含了地球上所有的生态系统,是地球特有的圈层。它是人类诞生和生存的地方,也是地球上最大的生态系统。

范围

生物圈的范围非常广阔,包括海面以下约11千米到地面以上约10千米,即地壳上层(主要为风化壳)、水圈和大气对流层,但主要集中在它们的接触带中,这里有能维持生命活动的光、热、水分和土壤等一切条件。

▼ 我们身边的环境也属于生物圈的一部分

存在条件

生物圈是生物与水圈、大气圈及地壳上层长期作用的结果。因此,生物圈的存在必须要有充足的太阳光、可被生物利用的液态水、适宜生命活动的温度以及各种营养元素。

▲ 耀眼的太阳

我和环保

曾经有人设想在我们生活的地球上再造一个"迷你地球",实现人类自给自足。从1984年开始,人类建造了封闭的生态环境,并进行了几次试验,结果都失败了。

生物分布

生物分布在生物圈的各个角落。水圈中几乎到处都有生物,但主要集中于表层和浅水的底层;大气圈中的生物主要集中于下层,即大气圈与岩石圈的交界处;在岩石圈中,生物大多数生存于土壤上层几十厘米之内。

人类与生物圈

人类在生物圈中占统治地位,能大规模地改变生物圈。但人类毕竟是生物圈中的成员,必须依赖于生物圈。人类对生物圈的改造一旦超过限度,就会破坏生物圈的动态平衡,造成严重后果。

▲ 海洋生物

生态平衡

在生态系统内部，生产者、消费者、分解者和非生物环境之间，维持着一种相对稳定的循环系统，这就是生态平衡。这种平衡是大自然中各个物种间长期调节的稳定结果，它维持着生态系统中每一个成员的正常发展。

什么是生态平衡？

生态平衡一方面是生物种类的组成和数量比例相对稳定，另一方面是非生物环境（包括空气、阳光、水、土壤等）保持相对稳定。生物个体会不断发生更替，但总体上看系统保持稳定，生物数量没有剧烈变化。

生态失衡后果

生态系统一旦失去平衡，会发生非常严重的连锁性后果。例如，20世纪50年代，我国曾发起把麻雀等动物作为"四害"来消灭的运动。可是在大量捕杀了麻雀之后的几年里，却出现了严重的虫灾，使农业生产遭受巨大的损失。

麻雀被消灭后，害虫就会大肆繁殖，造成农田虫灾的发生

生态系统的自我调节

在破坏并不严重的情况下,生态系统可以进行有效的自我调节,以弥补被破坏的部分。例如,捕食者增多,被捕食者数量就会减少,而被捕食者减少会引起捕食者的食物短缺,最终导致捕食者因饥饿大量死亡,从而再次达到平衡。

▲ 保护土地

动态平衡

生态平衡是动态的。在生物进化和群落演替过程中就包含不断打破旧的平衡、建立新的平衡的过程。

保护生态

生态系统的平衡往往是大自然经过了很长时间才建立起来的动态平衡。一旦受到破坏,有些平衡就无法重建了,带来的恶果可能是人的努力无法弥补的。因此人类要尊重生态平衡,帮助维护这个平衡,而绝不要轻易去破坏它。

▼ 生态平衡

微小的生命

生活中，我们天天都在接触微生物。你很难注意到它们的存在，因为它们实在是太微小了。微生物是无处不在的小生命，就在你的嘴里也有很多微生物，但是别害怕，那里的多数微生物都是我们人类的助手，对我们的健康没有损害。

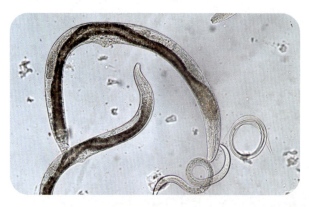

▲ 显微镜下的细菌

微生物

微生物包括细菌、病毒、真菌以及一些小型原生动物等生物群体。它们虽然个体微小，却足以影响其他生物的生存发展。

具体分类

顾名思义，微生物就是一群微小的生物。它们分为单细胞或多细胞原核生物（如细菌、放线菌、支原体等）和真核生物（如真菌、藻类、原生动物），以及非细胞类生物体（如病毒和亚病毒）三大类。

▲ 酵母菌

巨大的危害

无处不在的微生物有时候也会给人类带来很多麻烦和灾害。我们的食物腐烂，就是这些微生物引起的。引起疾病的病毒也是微生物，因此对于人类来说，对抗某些有害微生物也是挽救自我的行动。

▲ 腐烂的水果

挽救生命的细菌

微生物的作用很广泛，我们生病时打针用的青霉素就是从一种叫作"青霉菌"的微生物中提取出来的。它可以抵抗病毒，挽救人类的生命。

我和环保

苍蝇等飞虫身上带有很多的微生物和细菌，它们爬过的食物很容易染上对人体有害的细菌。这些细菌会危害我们的健康，所以，我们要积极消灭这些携带大量有害微生物的"恐怖分子"。

环保小帮手

对于环境保护来说，微生物也是非常重要的。微生物可降解塑料、甲苯等有机物，能处理工业废水中的磷酸盐、含硫废气，还可以改良土壤等。

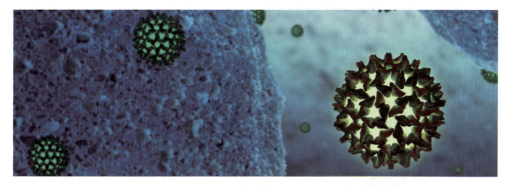
▲ 病毒

保护动物

随着微生物和植物在这个地球上生根落户,动物也开始逐渐繁衍起来。作为生物界中的一大类,动物不能像植物一样,通过光合作用从土壤中吸取营养。因此一部分动物选择吃植物来获取生存所需的营养,而另一部分动物则通过吃其他动物或者微生物来获得营养。

灭绝的动物

在人类历史进程中,因为人为捕杀和环境破坏而消失的动物不计其数,其中有我们熟知的渡渡鸟、旅行鸽、袋狼、美洲大鹰等。

▶ 渡渡鸟

快速灭绝

因为人类的干扰,地球上每15分钟就有一种动物灭绝,每天就有一两种植物消失。每当有一种植物消失,就会引起5种不同的昆虫绝迹。目前,全球大约有11%的鸟类、25%的哺乳动物、34%的鱼类正濒临灭绝。

动物类别

在自然界中,我们将动物分作两大类。它们分别是脊椎动物和无脊椎动物。脊椎动物包括鱼类、爬行类、鸟类、两栖类和哺乳类五大类。无脊椎动物包括棘皮动物门、软体动物门、环节动物门、腔肠动物门、节肢动物门、原生动物门等,约占世界上所有动物种类的95%。

▲ 藏羚羊是国家一级保护动物,已经被列入《濒危野生动植物种国际贸易公约》中严禁贸易的濒危动物

世界动物保护协会

世界动物保护协会是由成立于1950年的世界动物保护联盟(WFPA)与成立于1959年的国际防止虐待动物协会(ISPA)在1981年合并而成的。现今有13个办公室分布在世界各地,440多位动物保护专家分布在100多个国家。

▼ 朱鹮,国际鸟类保护委员会在1960年将其列入国际保护鸟的名单中

动物园惨案

在动物园里,饲养员发现一只梅花鹿突然死了。这只梅花鹿身体健康,并没有什么疾病,怎么会突然死去呢?难道是有人谋杀了它?是谁策划了这起谋杀案?

我和环保

当我们去动物园的时候,不要将携带的食物在未经管理员允许的情况下喂给动物,更不要向动物乱丢饮料瓶和杂物,因为任何一个小的违规举动都有可能给动物带来生命危险。

饿死的梅花鹿

2002年,济南动物园里的一只梅花鹿突然死去了。经过解剖发现,这只梅花鹿竟然是因为长期吃不到食物而饿死的。

▼ 梅花鹿

杀鹿凶器

公园工作人员通过解剖,从小鹿腹中取出了一大块固体物,这块固体物堵塞住了胃的幽门,隔断了食物从胃到达肠子的通道,致使小鹿活活饿死。

谋杀元凶

经过检验发现,那块让小鹿活活饿死的东西竟然是由大量塑料袋缠绕而成的。这些塑料袋是一些游客在喂小鹿的时候无意甚至故意投给小鹿的,一些无知的人看着小鹿吞食塑料袋甚至还在一旁取乐。

▲ 可爱的小梅花鹿

禁止携带塑料袋

斯里兰卡中央动物园,在2002年仅仅半年时间里就有至少10只动物因误吞了游人的塑料袋窒息而死。为此,斯里兰卡中央动物园决定,禁止游人将包装食物的塑料袋带入动物园。

◀ 罪恶的杀手——塑料袋

绿色精灵

自然界的植物通常由五部分组成：根、茎、叶、花和果实。根、茎、叶负责运输水、无机盐和营养物质，花朵里含有生殖器官，果实就是植物的种子或者包裹种子的部分。植物的各个部分保障了植物的生长和繁衍。

植物的分类

自然界中的植物，根据其种子的有无和繁殖方式的不同分为种子植物和孢子植物。植物没有神经和感觉，更不知道什么是疼痛，什么是痒。大多数植物含有叶绿素，可以进行光合作用。

我和环保

花是植物最动人的器官。这些美丽的花朵吸引了人们的目光，但是有一些游人在观赏时，折断花枝，这是不文明的行为。因此在游玩时，我们应该杜绝这种行为，做一个有素质的人。

▼ 种子植物蒲公英

神奇的生物圈

▲ 草原

植物的分布

植物世界庞大而复杂，在地球上的许多地区都有分布，占据了生物圈大部分面积。从一望无际的草原到广阔的江河湖海，从炎炎的沙漠到冰雪覆盖的极地，处处都有植物的踪迹。

绿色植物

在自然界中，植物的作用极为重要。地球上的一切生物生存所必需的物质和能量都是依靠绿色植物提供的。绿色植物合成有机物，贮存能量，并释放出氧气，维持地球大气中的氧气平衡。

最高的树

澳洲的杏仁桉树是世界上最高的树。杏仁桉树最高可达156米，树干直插云霄，有50层楼那样高。鸟在树顶上歌唱，你在树下听起来，就像蚊子嗡嗡的声音。

▲ 杏仁桉树

13

光合作用

人和大部分动物都需要呼吸氧气来维持生命，而植物会通过光合作用来吸收二氧化碳释放氧气。光合作用是地球碳氧循环的重要途径，如果没有植物的光合作用，现有大气中的氧气只能维持人类几十年的呼吸需求。

什么是光合作用？

在阳光作用下，绿色植物将二氧化碳和水（细菌为硫化氢和水）转化为存储着能量的有机化合物，并释放出氧气（细菌释放氢气）的过程，就是光合作用。

▲ 光合作用

光合作用场所

植物的器官非常多，那氧气是从哪个器官释放出来的呢？1880年，美国科学家恩格尔曼用水绵进行光合作用的实验发现：氧是由叶绿体释放出来的，叶绿体是绿色植物进行光合作用的场所。

影响条件

光合作用是一系列非常复杂的化学反应的总和。光照、二氧化碳、温度、水分、矿物元素甚至是大气电场等都会影响光合作用。即使只有一种因素发生变化都会影响植物的光合作用。

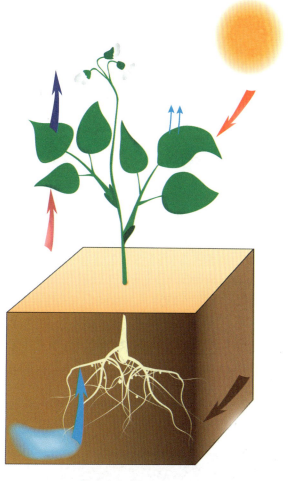

▲ 光合作用示意图

我和环保

光合细菌是一种具有光能合成能力的微生物。光合细菌在有光照缺氧的环境中利用光能进行光合作用，同化二氧化碳或其他有机物。与绿色植物不同的是，它们的光合作用不产氧。

作用原理

植物和动物不同，它们没有消化系统，因此植物需要自己生产营养物质。在阳光充足的白天，绿色植物利用太阳光能来进行光合作用，以获得生长发育必需的养分和能量，而氧气只是排放的废气。

植物保护

植物是人类最熟悉的朋友,无论小草、蘑菇还是大树,都是植物。我们吃的蔬菜和水果是植物的果实,它们不但味道可口,而且具有人体生长所需的营养。此外,植物还可以净化空气,让我们生活的空间更清新。

植物的灭绝

由于人类的乱砍滥伐和对水土的污染,地球上多达30%的植物在今后的100年内将不复存在。在人类活动的影响下,地球物种灭绝的速度超过其自然灭绝率的100~1000倍!

▼ 人类对森林乱砍滥伐

神奇的生物圈

矮小的北极植物

北极地区有矮小的灌木及多年生禾草、地衣、苔藓。种类繁多的苔藓、地衣等植物被覆盖在厚厚的冰雪下面,能够为驯鹿等动物提供食物。如果没有这些植物的存在,大量的动物就会被饿死。

▲ 地衣

珍贵的树木

银杏出现在几亿年前,被称为"活化石",它是裸子植物中唯一的落叶阔叶树。中国的水杉、银杉和百山祖冷杉都是远古时期遗留的著名植物。

濒危的大颅榄树

非洲的渡渡鸟灭绝之后,一种渡渡鸟栖息地的植物大颅榄树也开始濒临灭绝。原来渡渡鸟喜欢吃这种树木的果实,大颅榄树的果实被渡渡鸟吃下去,种子外边的硬壳被消化掉后,被排出体外才能够发芽。最后科学家让吐绶鸡来吃下大颅榄树的果实,以取代渡渡鸟。

▼ 银杏树

有用的森林

森林是人类的老家,人类的祖先最初就生活在森林里。森林提供了充足的野果、真菌、鸟兽给人们充饥,又提供了树叶和兽皮给人类做衣服。今天,森林依然为那些早已远离森林的人类提供着极其重要的生存保障。

生产食物

人类的祖先来自森林,那里提供了丰富的食物,例如果子、种子、根茎、块茎、菌类等。泰国的某些林业地区,一半以上的粮食取自森林。此外,森林中的动物也为人类提供了充足的肉食来源。

▼ 森林

神奇的生物圈

调节气候

森林是大自然的调度师,它调节着自然界中空气和水的循环,影响着气候的变化,保护着土壤不受风雨的侵犯,减轻环境污染给人类带来的危害。

▲ 穿过森林的河流

释放氧气

光合作用让树木有了净化空气的作用,它们在阳光下吸入二氧化碳,放出氧气。一棵椴树一天能吸收 16 千克二氧化碳,1 平方千米的阔叶林一天可以产生 70 多吨氧气。城市居民每人要拥有 10 平方米林木草地才能获得足够的氧气。

我和环保

制作一次性筷子的原料通常是森林中的树木,因此,大量使用一次性筷子必然造成对森林的过度砍伐。为了保护森林,我们应该避免使用一次性筷子。

生存的乐园

森林是生物赖以生存的乐园,这里有充足的食物和适宜的温度,没有干旱和风沙,是动物和植物生存的最佳场所。

▶ 生活在森林里的鹿

天然的空调

在城市中，砖块和钢筋水泥铸造的墙早已将我们的生活空间分成了一块一块的独立个体。而人的聚集，让这个空间变得拥挤，植物的缺乏让我们不得不借助空调、加湿机等设备来营造一个适合人类居住的环境。其实，植物才是我们最好的空调和加湿机。

绿色遮阳伞

夏天，植物吸收太阳辐射，给地面带来阴凉。当太阳辐射到达树冠时，约有25%射回大气中，约有65%被树冠截留，只有约10%透过树冠到达地面。因此，树冠下的温度会低很多。

▲ 树下乘凉

神奇的生物圈

净化空气

植物能吸收二氧化硫、氟化氢、氯、氨、臭氧、二氧化氮、汞以及苯、甲醛等有害气体。据测算，1平方米的松林每天可以从空气中吸收约20毫克的二氧化硫。

▲ 松树

调节温度和湿度

在工厂内，绿化区比无绿化区温度低，而湿度要高。在城市中，有行道树遮阴的马路比无行道树的温度低，而湿度要高。

生物分解

生态系统中的分解是指生物在衰亡后由有机物降解为无机物的过程。大自然中的生物死后，最终会被分解成细小的无机物，或者被别的生物当作食物吃掉，或者成为土壤中的养分再次被植物利用。

▲ 树荫

21

植物的敌与友

植物世界和人类社会一样,彼此之间存在着各种关系。有的植物之间相互帮助,彼此共同生长,而有的植物之间就像仇人一样,彼此伤害,谁都没有好结果。所以,植物要选择适合的邻居,否则,就会你争我抢,影响生长。

友好邻居

洋葱和胡萝卜是友好的邻居,它们散发的特殊气味,能把危害对方的害虫赶走。蓖麻是大豆的好哥们儿,它能散发一种气味,驱赶危害大豆的金龟子。玉米、大豆种在一起,它们都能结出更多的果实。

▼ 洋葱　　　　　　▶ 胡萝卜

互相伤害

丁香花和水仙花就像仇人,不能生长在一起。丁香花散发的香气会对水仙的生长造成危害。同样,小麦、玉米、向日葵如果和白花草或者木樨生长在一起,将不再结种子。

▲ 水仙花

▶ 紫甘蓝

化学大战

在田园里,如果苦芹菜与甘蓝相遇,它们会通过根系分泌危害对方的毒气或毒液。苦芹菜也不能和马铃薯种在一起。苦芹菜会分泌一种真菌,使马铃薯染上疾病。

彼此交流

植物之间进行情感交流时,会分泌特殊的化学物质。有的植物需要这些气味,有的植物害怕这些气味。有的植物受到动物袭击时,还会用气味告诉同伴有危险。

我和环保

番茄是甘蓝的好邻居,可以充当甘蓝的卫士。番茄散发的香味可以让危害甘蓝的菜白蝶"闻风丧胆",不敢靠近甘蓝半步。

▼ 丁香花

和植物做朋友

自然界中有很多动物以植物为食,它们给植物带来了伤害。面对害虫、害兽等敌人的侵袭,很多可靠的"朋友"给了植物关爱和保护,它们相互依存、不离不弃,堪称自然界的楷模。

▲ 蜜蜂

好伙伴

植物有自己的防御方式,但是有时面对敌人,也会力不从心。还好,它们身边有好伙伴,例如蜜蜂、螳螂、蜻蜓、青蛙以及各种鸟,来消灭害虫,保护庄稼,是植物的忠实卫士。

刀斧手——螳螂

螳螂是肉食性昆虫,能猎捕各类小昆虫和小动物。螳螂动作灵敏,捕食时间仅有0.01秒。捕猎时,螳螂用带刺的前足牢牢钳住猎物,然后将其吃掉。

▲ 螳螂

森林医生——啄木鸟

啄木鸟长着一个又硬又尖的长嘴。啄木鸟用嘴敲击树干,通过声音找到害虫躲藏的位置,然后啄开树皮,将长嘴插进巢穴,伸出一条蚯蚓似的长舌,利用舌头上的黏性液体,把小虫粘住。

我和环保

鸟的种类繁多,生理结构、生活习性千差万别。益鸟与害虫没有一个固定的分界线。例如,捕食害虫的益鸟在找不到食物时也可能破坏庄稼。

▶ 啄木鸟

捉虫能手——青蛙

青蛙爱吃小昆虫。青蛙捕虫时,张着嘴巴,仰着脸,肚子一鼓一鼓的。蚊虫飞过来,青蛙猛地向上一蹿,舌头一翻,将蚊虫卷到嘴里,然后原样坐好,等待下一只昆虫到来。

◀ 青蛙

植物传说

植物遍及世界的每一个角落。这么庞大的家族,人们不可能都了解,即使现在已经很熟悉的植物也是经历了漫长的认识过程。因为人类的想象力,许多植物充满了神奇色彩。

我和环保

相传,荷花是仙女玉姬的化身。当初,玉姬动了凡心,偷偷出了天宫。王母娘娘知道后把玉姬打入西湖,让她永世不得再登南天。从此,人间多了一种水灵的鲜花。

郁金香

有三位勇士同时爱上了一位少女,他们分别给了少女皇冠、宝剑和金堆。但少女对谁都不钟情,他们只好向花神祷告。花神深感爱情不能勉强,于是将皇冠变成鲜花,将宝剑变成绿叶,将金堆变成球根。这就是郁金香。

▼ 郁金香

兰花

春秋时,燕姞梦见一位天使送给她兰花,并告诉她佩戴兰花,就会有人喜欢她。燕姞醒来后,佩戴兰花在身上。不久,郑文公遇见了燕姞,并爱上了她。二人婚后,燕姞生下一子,取名为兰,就是后来的郑穆公。

▲ 兰花

圣诞树

相传,几百年前的圣诞节,一位农人遇到一个穷苦的小孩,并热情地接待了小孩。小孩临走时折下松枝插在地上,松枝立即变成一棵挂满礼物的大树。这就是圣诞树。

紫罗兰

在欧洲,紫罗兰是爱情的象征。相传,女神维纳斯因情人远行,依依惜别,晶莹的泪珠滴落到泥土上。第二年春天,泪珠发芽生枝,开出一朵朵美丽芳香的花。这就是紫罗兰。

▼ 紫罗兰

保护湿地

湿地与森林、海洋并称全球三大生态系统,具有维护生态安全、保护生物多样性等功能。所以,人们把湿地称为地球之肾、天然水库和天然物种库。然而,伴随着人类工业化的进程,污染和农田开垦逐渐掠夺湿地的资源,损耗湿地的寿命,使大片湿地从地球上消失。

湿地的作用

湿地像天然的过滤器,当含有毒物和杂质(农药、生活污水和工业排放物)的流水经过湿地时流速会减慢,有利于毒物和杂质的沉淀和排除。一些湿地植物能有效地吸收水中的有毒物质,净化水质。

消失的湿地

历史上,中国的湿地总面积曾达到66万平方千米,目前降为53.6万平方千米。湿地被破坏后,大批依靠湿地生存的生物也随之消失了。

▼ 湿地

神奇的生物圈

湿地保护

2006~2010年，中国政府根据《全国湿地保护工程规划》投入70多亿元，开展恢复、保护和合理利用湿地的试验性工作，并把湿地保护纳入法律保护的框架内。

▲ 若尔盖湿地

丹顶鹤的故事

很多人为了保护生态环境奉献出青春和生命。一个叫徐秀娟的女大学生为了救一只受伤的丹顶鹤而滑进了沼泽地，再也没有上来。人们为了纪念她而谱写了歌曲《丹顶鹤的故事》。

▲ 丹顶鹤

签订《湿地公约》

1971年2月2日，来自18个国家的代表在伊朗南部海滨小城拉姆萨尔签署了一个旨在保护和合理利用全球湿地的公约——《关于特别是作为水禽栖息地的国际重要湿地公约》(简称《湿地公约》)。

我和环保

据统计，全世界共有自然湿地855.8万平方千米，占陆地面积的6.4%。世界上最大的湿地是巴西中部马托格罗索州的潘塔纳尔沼泽地，面积达25万平方千米。

水中精灵

地球实际上是一个大水球,约71%的表面被水所覆盖。鱼是水中的精灵,无论是在大海、江河,还是在湖泊中,我们都能看到鱼的身影。它们用鳃呼吸,用鳍划水,大多数身上覆盖着光滑、坚硬的鱼鳞。

呼吸的器官

鳃是鱼类重要的呼吸器官。鱼体与外部环境的气体交换主要由鳃来完成。鱼鳃长在鱼头两侧可以张开的鳃盖内。水流经鳃时,鳃表面细小的血管会将水中的氧气吸收,然后供给全身。

鱼

神奇的生物圈

闪亮的鱼鳞

覆盖在鱼身体表面的鱼鳞犹如一面镜子亮闪闪的,是一种天然的伪装。鱼鳞叠合在一起就像一副盔甲,既可以保持身形,减少与水的摩擦,又能抵抗水中的细菌,避免感染。

▲ 金鱼的鱼鳞很漂亮

鱼鳍的作用

鱼鳍是鱼调节游动速度及变换方向的器官。胸鳍和腹鳍的作用是平衡身体,而尾鳍决定运动方向。鱼的身体两侧有对称的肌肉,一侧肌肉收缩,另一侧伸展,鱼就可以摆动前进。

我和环保

为了安全,弱小的鱼类总是成群地生活。它们随着洋流和食物的变化,行动忽东忽西,整齐划一,像一个严密的组织。敌人来袭时,总找不到具体的目标,最后一无所获,只能愤然离去。

像气囊的鱼鳔

鱼鳔是某些鱼类体内可以胀缩的囊状物。鱼鳔就像一个气囊,里面储存着氧、氮和二氧化碳等气体,可以作为辅助呼吸器官,也可以决定鱼在水中的沉浮。鱼鳔膨胀时,鱼就上浮,收缩时,就会下沉。

▲ 鱼鳔

鲸鱼不是鱼

广阔的海洋孕育了无数的生命,除了鱼类,还有很多的大型生物,例如鲸。很多人称鲸为鲸鱼,但它们并不是鱼类,而是哺乳动物。它们有着流线型的身材,能够在海洋中自由自在地畅游。

不同的特性

鲸和鱼类有着很多不同的特性:鲸是用肺呼吸的,而鱼是用鳃呼吸的,体内有鱼鳔;鲸是哺乳类动物,而鱼是卵生类动物;一般鱼类是左右摆动尾鳍前进,而鲸却是上下摆动尾鳍前进。

白鲸

神奇的生物圈

蓝鲸

蓝鲸是真正的海上巨兽，体长可达33米，重约150吨。单是一条舌头上，就能站约50个人。蓝鲸个头很大，却喜欢吃个头很小的磷虾。蓝鲸每餐可吃200万只磷虾，是当之无愧的"大胃王"。

▲ 蓝鲸

海上霸王

虎鲸巨大的躯体黑白分明，腹面为雪白色，背部为黑色。虎鲸性情十分凶猛，是名副其实的"海上霸王"，小到鱼虾、海鸟，大到海豚、海豹，甚至最大的蓝鲸都难逃它的口。

我和环保

海豚是一种美丽的哺乳动物，它们也属于鲸类。海豚有着流线型的身体，能够在水中自如游动。当它们依次跃出水面时，便在空中划出一道道美丽的弧线。

▽ 虎鲸

保护鲸类

鲸虽然处于食物链的顶端，但它们的生存却遭到了威胁。海洋环境污染和人类的大量捕杀，使得鲸类已经濒临灭绝。为了保护鲸类，国际上已经全面禁止商业捕鲸行为。

海洋里的朋友

海洋里生活着许许多多的动物。虽然它们生活习惯不一样,吃的食物也不一样,但为了生存,有些海洋动物成为好朋友。这是一件不可思议的事情,但是却时刻发生着。

小丑鱼与海葵

小丑鱼体色艳丽,常惹来杀身之祸。海葵行动缓慢,难以取食,经常饿肚子。后来,小丑鱼与海葵成了好朋友。小丑鱼为海葵招徕丰富的食物,而当小丑鱼遇到危险时,海葵为它提供庇护。

▼ 小丑鱼与海葵

神奇的生物圈

濑鱼和梭鱼

濑鱼非常弱小，但它们却长期和凶猛的梭鱼生活在一起。梭鱼靠吃其他鱼类为生，但却对濑鱼特别友好。因为濑鱼会将梭鱼嘴旁长的突出物吃得干干净净，使它们不得病。

▲ 濑鱼

俪虾和海绵

俪虾是一种小虾，从小就游到海绵的身体里，从流进海绵体内的海水中摄取食物。俪虾在海绵体内长大后，无法从气孔中游出去，只能终生待在海绵体内，与海绵生死与共。

我和环保

有一种小鱼叫领航鱼，它们常常跟在鲨鱼的身后，将鲨鱼吃剩的残屑给吞噬干净。鲨鱼对这群小家伙没什么反感，也许因为它们已经习惯了领航鱼跟在后面。

鱼医生

裂唇鱼有"鱼医生"的美称。裂唇鱼专门在各种病鱼身上捕食寄生虫，帮助病鱼恢复健康。凶恶的大海鳝对裂唇鱼也十分友善，不仅不会伤害它们，有时还会保护它们。

▼ 裂唇鱼

纽芬兰渔场

多年以前,地理书描绘着日本北海道渔场、欧洲北海渔场和纽芬兰渔场这世界三大渔场。其中,纽芬兰渔场素以"踩着鳕鱼群的脊背就可上岸"著称。如今的纽芬兰渔场仅仅成为一段消失的神奇故事。

发现渔业宝库

16世纪初期,英国船队在返航途中无意间发现了鱼群多得惊人的纽芬兰渔场。随着纽芬兰渔场这一渔业宝库的发现,大批葡萄牙人、法国人和英国人纷纷来到纽芬兰浅滩捕鱼,并在纽芬兰岛沿岸建立起一座座渔村。

合理捕鱼

早期的渔民每年都要定期休息,休息的日子正好赶上鱼类繁殖的季节。这种传统的捕鱼方式避开了鱼群的繁殖季节,保证了鱼群能够不断地繁衍。

▼ 养鱼场

神奇的生物圈

灭顶之灾

当20世纪的工业化体现到捕鱼业时,灾难降临了。渔轮夜以继日地作业,不顾鱼类是否处于繁殖季节。据统计,这种大规模作业的渔轮一个小时便可捕捞200吨鱼,是16世纪一条渔船整个渔季捕捞量的2倍。

贪婪的代价

经过肆意的捕捞,到20世纪90年代,鳕鱼数量下降到20年前的2%,达到历史最低点。1992年,加拿大政府被迫下达了纽芬兰渔场的禁渔令,终结了近500年的捕鱼业。

▲ 纽芬兰渔场的鳕鱼

寂静的渔场

禁渔令颁布十多年后,纽芬兰渔场仍然是一片寂静,昔日取之不尽的鳕鱼如今却寥寥无几。今天,我们只能从历史书上看到这个昔日热闹的渔场,而这一切都是人类无止境的贪婪造成的。

▲ 渔场

恐怖的油污

海洋本身具有一定的污水处理能力。少量的污水进入海洋,是可以得到有效的分散而将有毒物质的危害降至最低的。但有些污染物(如石油)一旦进入了海洋中,就会产生严重的后果。

要命的救援

1967年3月,在"托利峡谷号"油轮漏油事件中,救援小组迅速展开行动,在海上喷洒清洁剂降解浮油,海军航空兵则试图用凝固汽油弹烧掉浮油。但是这并没有给海洋生物带来福音,在漏油事件中幸存的海洋生物要么葬身火海,要么渐渐中毒死去。

"威望号"漏油

2002年11月13日,装载着6万吨原油的巴哈马油轮"威望号"在西班牙西北部海域失事。泄漏的数万吨原油污染了海面,大量海鸟因为原油污染而死亡,当地渔业也遭受到严重威胁。

神奇的生物圈

▲ 海獭

海獭的命运

在石油污染中,被油污毒害的海獭在援救者的帮助下转移到了未受污染区。然而,病毒也随着被污染的海獭带到了未受污染区,传染给了健康的海獭。

死亡的企鹅

2000年8月,巴西警察在巴西南部海滩上发现了180只企鹅尸体。据警方调查,这些企鹅的死亡都是由附近一起严重的原油泄漏事故造成的。

▲ 企鹅

偷油者的罪恶

一些不法分子盗取石油之后慌张逃跑,并不管那些从钻孔或者管道泄漏的石油,这些石油泄漏出来之后便严重污染了附近大片农田。

▼ 被石油污染的海洋

珊瑚礁

珊瑚虫是一种海洋动物,它们聚集在一起,经过上百万年的积累就会形成珊瑚礁,为许多海洋生物提供栖息地。海水污染和人类开采会破坏珊瑚礁生态系统,使珊瑚礁数量减少甚至消失。

形成过程

珊瑚礁并不是岩石,而是由一种叫作珊瑚虫的小海洋动物制造的。组成珊瑚礁的其实就是珊瑚虫的骨骼。新的珊瑚虫生长在死去的珊瑚虫骨骼上,一代接一代地生长才形成了巨大的珊瑚礁。

▼ 珊瑚虫

人类威胁

对于珊瑚礁来说,人类是它们最大的威胁。陆地上的污染和过度捕捞对生态系统造成了严重威胁,一些炸鱼和毒鱼的原始捕捞方式,也对珊瑚虫造成了严重的损害。

▲ 珊瑚礁

消失的珊瑚礁

相关科学组织和环保组织的数据显示,目前全球珊瑚礁破坏速度在不断加快,在50年内全球70%的珊瑚礁将会消失。这对于生活在热带的人和依靠珊瑚礁生活的生物来说是一个大灾难。

珊瑚礁白化

厄尔尼诺现象使得海水的温度升高,导致珊瑚礁出现白化的现象。其中,靠近污染源的珊瑚会大量死亡,而远离污染源的珊瑚礁会逐渐恢复。

▼ 珊瑚礁

细小的昆虫

在动物中,有一类生物的身体很小、数量极多、踪迹几乎遍布世界的每个角落,它们就是昆虫。昆虫的身体特征和其他动物大不相同,它们非常明显地分成了头、胸、腹三部分。因此,人们一眼就可以认出它们。

▲ 6只脚的瓢虫

六足动物

昆虫又称六足动物,因为所有昆虫都长有6只脚,并且这6只脚是分成3对分开生长的。所以那些少于3对或多于3对脚的动物都不是昆虫,例如长着8只脚的蜘蛛和多足的蜈蚣属于节肢动物。

万花筒般的复眼

昆虫有两只结构复杂的眼睛,称为复眼。复眼是相对于单眼而言的,它由许多小眼组成,每一个小眼都是一个独立的感光单位,能接收物体反射的光。昆虫的复眼看上去就像一个万花筒。

▲ 蜜蜂的复眼

神奇的生物圈

像天线的触角

昆虫的头部有两根像天线的触角，这是昆虫重要的嗅觉和触觉器官。两根触角像探测器一样不断地摇摆，帮助昆虫进行通信联络、寻觅异性、寻找食物和选择产卵场所等活动。

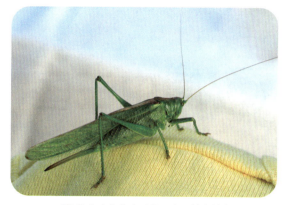
▲ 蝗虫头部就有两根天线一样的触角

运动方式

昆虫种类繁多，它们的运动方式也多种多样，有的会游泳或在水面行走，有的会跳跃。大多数昆虫的成虫都会飞，例如龙虱、蝴蝶等。

我和环保

蜜蜂总是不停地摆动头顶的两根触角，好像天线和雷达时刻接受电波和追踪目标。借助触角，蜜蜂能闻出各种花朵散发出的香味，找到花蜜。

▼ 蝴蝶

昆虫王国

昆虫的种类和数量是所有动物中最多的,它们的身影遍及地球的每一个角落。昆虫家族的成员都很有特点,有的会放臭屁,有的好斗,有的会装死,有的会磕头,还有的危害林木……

最臭的昆虫

椿象是有名的臭气专家,会发出难闻的臭味。别的昆虫一触碰到它们,就会沾满臭气,很久都散不去。椿象释放臭气只是为了自卫,使敌害不敢进犯,自己趁机逃之夭夭。

我和环保

金龟子是一种奇特的甲虫,它们有一个卵圆形的身体和一对鳃叶状的触角。它们的外壳颜色鲜艳,外形漂亮,大多数都是危害树木和农作物的害虫。

▼ 椿象

神奇的生物圈

好斗的昆虫

蟋蟀就是我们常说的蛐蛐。因为好斗,有人把它们放到一起,看它们搏斗比赛。而蚂蚁会为争夺食物而发生战争,有的会攻击对手的脚,有的会用尾部喷出的毒液毒杀对手。

▲ 蟋蟀

▲ 甲虫

昆虫中的巨无霸

泰坦甲虫生活于南美亚马孙雨林中,是世界上目前已知的最大的昆虫之一。泰坦甲虫的成虫身体可以达到16.7厘米长,如果包括其触角长度,可以达到21厘米。

磕头虫

磕头虫的头很硬,把它放在地上,它就会把头磕得啪啪作响。磕头虫遇到危险时会躺下装死,甚至仰面朝天,一动不动,等到危险过去,便会翻过身来撒腿逃跑。

▲ 磕头虫

45

寄生昆虫

昆虫种群庞大，习性千差万别。多数昆虫勤劳朴实，用自己的劳动养育后代。但有一些昆虫很懒惰，活动能力很差，它们寄生在哺乳动物的体表或体内，依靠吸食寄主的血液为生，如跳蚤、虱子等。

虱子

虱子是一种扁平的寄生昆虫，它们没有发达的复眼，也没有翅膀。虱子几乎终生寄生在寄主身上，它们不仅吸食人或动物的血液，使寄主奇痒不安，而且还会传播很多疾病。

▷ 虱子

跳蚤

跳蚤是昆虫界的跳高冠军,可以跳过它们身长约350倍的高度。跳蚤是鼠疫最大的传播者。跳蚤没有特定的寄主,如果吸过有鼠疫的老鼠血后再来吸人血,就会将鼠疫传播给人类。

▲ 跳蚤

我和环保

羊狂蝇是一种寄生性蝇类。成虫会将卵产在羊的鼻子里。孵化的幼虫爬进羊的鼻腔甚至大脑里,羊就会狂躁不安。人被羊狂蝇幼虫感染后会得眼蝇蛆病。

胃蝇

胃蝇将虫卵粘在蚊虫身上,当蚊虫叮咬人畜时,虫卵趁机粘在人畜身上。虫卵孵化后,幼虫会钻进寄主的皮肤。如果人不小心被它侵入,一般可用凡士林等涂抹物封堵寄生虫的呼吸孔。

姬蜂

姬蜂是一种寄生昆虫。雌姬蜂在寄主的幼虫或蛹上产卵。幼虫取食寄主的脂肪和体液,满足自己生长发育的需要。姬蜂大多寄生在害虫上,所以总的来说姬蜂是益虫。

▼ 姬蜂

虫 灾

千里之堤毁于蚁穴并非危言耸听。毁坏大坝对于白蚁来说并不是夸张的描写,在中国古代就有大量记载。白蚁在堤坝内建立四通八达的巢穴,将堤坝内的结构破坏。当水位升高时,堤坝就会漏水,甚至垮塌。

破坏力惊人的白蚁

白蚁不仅危害农作物、树木,还会对房屋、桥梁等建筑物造成破坏。白蚁扩散力强、群体大、破坏迅速,可以在短期内造成巨大损坏。

白蚁不是蚂蚁

白蚁和蚂蚁并不是同一种动物。白蚁体长而圆,周身为白色、淡黄色或赤褐色等,触角呈念珠状,嘴长在头的前端或前下方。目前,全世界已知的白蚁有2000多种。

▼ 白蚁

防治白蚁

人们通常在白蚁较多的地区建立隔离带,将白蚁惧怕的杀虫剂倒入房屋四周的泥土中形成隔离。在木制房屋中涂隔离药物,也可以防止白蚁侵入。而一旦发现白蚁,便要打开蚁穴,用专用药物将群体杀灭。

▲ 一群白蚁

蝗虫

蝗虫就是我们说的蚱蜢,是一种喜欢吃肥厚的叶子和农作物的害虫。蝗虫通常为褐色、绿色或灰色,头部大,触角短,外骨骼坚硬,后腿肌肉强劲有力,跳跃能力极强。另外,它们还有一定的飞行能力。

我和环保

鸟类、青蛙和蛇等动物都是蝗虫的天敌,只要保护鸟类,不猎捕青蛙和蛇,蝗虫就会被限制住,无法产生大范围的破坏。

恐怖的蝗虫

1979年,美国密苏里河西部的14个州的牧场和农田,都被密密麻麻的蝗虫覆盖。蝗虫所过之处,农作物几乎颗粒无收。在华盛顿,蝗虫甚至铺满了路面,令汽车无法安全行驶。

▼ 蝗虫灾害

人工森林

浓密翠绿的树林是大自然不可缺少的一抹色彩。但是因为人类的乱砍滥伐,许多森林消失了。幸好,土壤还没有变得不可收拾,人们只要在这里种植树林,补充植被,保护环境,便能将这抹绿色保留下来。

人工林的作用

如果一个地区的森林被大面积砍伐,这个地区的气候就会很快改变。如果在气候坏得不可收拾以前让森林恢复一部分,就可以阻止气候继续变坏。如果森林恢复得足够好,气候也许会好转。

▼人工林

人工林的优缺点

人工林在短时间内就可以长成树林，从而美化环境，为人们创造一片清静美好的生活空间。比如，一片以针叶林为主的人工林，只要十多年的时间就可以长大，显著改善当地气候条件。但是人工林的生态系统不稳定，很容易被虫害击垮。

▲ 品种单一的人工树林

种类单一

如果你去过人工林，会发现人工林里的树木几乎都是同一种。这是因为人工林需要快速长成树林，所以栽种者会选择最容易成长的树种来种植，导致人工林的树木种类单一。

我和环保

20世纪60年代，时任总理周恩来指示要在中国西北、华北和东北建立起人造防护林，改善当地环境。今天，三北防护林初具规模，为改善环境发挥着巨大作用。

沙漠里的生态

炽热的沙漠是荒凉和恐怖的地方,被人称作生命的绝地。其实,沙漠并不是完全没有生命,里面有着一群特殊的住户。看了下面的内容,你会知道沙漠中有很多的常住居民。

沙漠如何形成?

沙漠是地球表面覆盖的一层厚而细软的沙子,和海边的沙滩类似。不同的是,沙滩是海水冲刷形成的,而沙漠是岩石长期风化形成的。风用很漫长的时间将石头吹裂、磨碎,形成了细小的沙子。

人类的过失

有些沙漠并不是天然形成的,而是人为造成的。美国在1908~1938年,滥伐森林60万平方千米,结果大片草原被破坏,大片绿地变成了沙漠。苏联在1954~1963年的垦荒运动中,严重破坏了中亚草原,结果非但没有得到耕地,还带来了沙漠灾害。

▼沙漠

神奇的生物圈

沙漠里的飓风

风造就了沙漠,也在不断改变沙漠的面貌。沙漠地区风沙大、风力强,最大风力可达10~12级。强风卷起大量浮沙,形成凶猛的风沙流,不断吹蚀地面,使地貌发生急剧变化。同时,它还会以沙尘暴的形式影响其他地区,或是扩张沙漠的范围。

▲ 沙漠里的风

顽强的沙漠植物

胡杨树不仅耐盐碱,而且耐干旱,树根可以扎入地下10多米吸取水分。坚韧的胡杨树是抵御沙漠侵袭的最佳屏障。仙人掌不怕干旱,很容易生长,它们的叶子变成了针状,避免了热量的过度散发,因此可以在沙漠等缺水地区生存。

我和环保

中国著名科学家竺可桢,经过对沙漠生态气候的研究,撰写了著名的环保文章《向沙漠进军》,号召人们努力开展沙漠化防治,通过植树造林等方法让沙漠变成良田。

▼ 胡杨树

变色的桦尺蛾

野战部队在不同的地形下会使用不同颜色的迷彩服,目的是适应当地环境,隐藏自己。曼彻斯特的桦尺蛾也有这个本领,它们在100年的时间里从灰白变成黑色。这究竟是怎么回事呢?

繁荣的曼彻斯特

14世纪,法兰德斯的羊毛和亚麻纺织工人在曼彻斯特定居下来,开创了最早的纺织工业。曼彻斯特的运河、充足的水和煤炭,使这里成为重要的纺织中心和经济文化枢纽。

桦尺蛾

桦尺蛾是桦树的主要害虫,英文称之为"斑点蛾"。这是因为在19世纪中期之前,人们见到的这种蛾都是浅灰色的,翅膀上散布着一些黑色斑点。

◀ 桦尺蛾

桦尺蛾变身

19世纪中期以前,曼彻斯特地区95%以上的桦尺蛾是浅灰色的。20世纪中期以后,该地区95%以上的桦尺蛾却变成了黑色。

▲ 变色的桦尺蛾

适应环境

曼彻斯特工业革命中,大量使用煤炭,造成树干上原先覆盖的浅灰色地衣不能生存,树皮表面变成了黑色。栖息在树干上的黑色桦尺蛾不容易被捕食它们的鸟类发现而存活了下来,浅灰色的桦尺蛾容易被捕食它们的鸟类发现,从而难以生存,逐渐消失。

工业革命的动力

工业革命后,蒸汽机开始广泛应用于工厂生产中。蒸汽机的动力来源就是燃烧煤炭加热水产生的蒸汽。因此,煤炭成为了工业生产中不可缺少的燃料。而煤烟污染也就成为了工业革命的负面影响。

▼ 工业污染

人类与进化

人类是经过进化和自然选择产生的。在漫长的进化过程中，人类不断受到自然界的影响。同时，人类的一举一动也在改变着自己生存的环境，甚至影响着这个环境中其他物种的进化。

人工驯化

人类影响动物进化，可不是什么不可思议的事情。很早以前，人类的老祖先就将野生的猪、狗、马等动物驯化为家畜。例如，家养的猪不像野猪那样有獠牙，家里养的马也比野马温驯很多。

▲ 人类驯化的宠物狗

改良植物

如今，人类更加积极地投身到有益人类发展的进化改良中。例如：改变水稻品种，使得粮食的产量大幅度提高；改变植物的基因，提高它们的抗病虫害能力。

▼ 水稻

克隆技术

通过克隆技术，人类甚至能直接影响动物的进化和繁衍规律。如果克隆技术能够成为人类抗击疾病的手段，那么它将影响人类自身的进化。

转基因食品

转基因食品就是利用现代分子生物技术，将某些生物的基因转移到其他物种中去，改造生物的遗传物质。科学家培育出了一种能预防霍乱的苜蓿植物。用这种苜蓿来喂小白鼠，能大幅增强小白鼠的抗病能力。

我和环保

灰熊和北极熊原本是一对冤家，但是由于人类的活动，北极熊被迫改变自己的生活习惯，甚至有极少数北极熊开始和灰熊结为夫妻。在加拿大，人们就曾经发现过灰熊和北极熊结合而生下的后代。

▶ 小白鼠

遭受污染的的生物

对自然影响最大的还是人类的污染。在人类工业化进程中，数以万计的动物在人类文明提高的同时被夺去性命。

▼ 生活在被污染海域中的动物

令人忧虑的转基因

人类的科学知识达到了前所未见的高度。人类利用基因科学知识改造生物基因，比如改造农作物的基因，使它们的产量提高。但是基因改造也可能带来不利之处，对自然环境产生不可预料的危害，比如抗虫害强的农作物会培养出更厉害的害虫。

基因

基因也叫遗传因子，指生物体携带和传递遗传信息的基本单位。生物的一切性状都是基因与环境相互作用的结果。儿子之所以长得像父亲，就是受到了基因中遗传信息的影响。

什么是转基因？

不同品种和类型的狗进行交配后产生了与父母都不一样的后代，就是由于产生了基因转移。而科学上讲的转基因则是按照人类的目的进行的、有计划的基因转移。

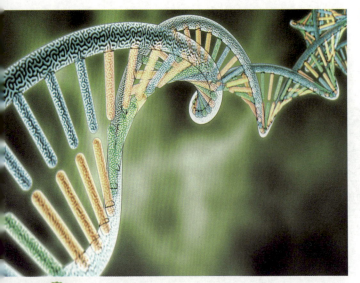

◀ DNA

转基因动植物

转基因动植物是人造的生物,不是自然界原有的品种。对地球上的生态系统来说,它们属于外来品种。至今,也没有任何政府和联合国组织声称转基因食品是完全安全的。

▲ 转基因玉米

巨大危害

由于转基因生物同样有繁殖及与近亲交配的能力,因此当转基因物种在自然界大量繁殖的时候,很有可能会让自然物种逐渐消失,造成不可挽回的损失。

基因的环保作用

基因芯片可以高效地探测到由微生物或有机物引起的污染,还能帮助研究人员找到并合成具有解毒和消化污染物功能的天然酶基因。这种对环境友好的基因一旦被发现,研究人员将把它们转入普通的细菌中,然后利用这种转基因细菌清理被污染的河流或土壤。

▼ 转基因水果

保护土壤的植物

没有任何生物能像植物那样有效地保护土壤。植物将根系延伸到很深的地下,汲取土壤中的水分。在有植物生长的地方,土壤被植物的根牢牢抓住,风吹雨淋都无法轻易地将其掠走。

土壤的守卫

没有任何植被覆盖的地面,在大雨过后,泥土、沙石就会随水流移动,形成泥石流。如果有足够的植物覆盖在地面上,水就会通过松软的土壤进入地下,而表面的土壤会被植物保护,不容易被水冲走。

泥石流

神奇的生物圈

🌱 土壤肥力

土壤供应和协调植物生长发育所需要的水分、养分、空气、热量以及其他环境条件的能力,称为土壤肥力。土壤肥力是土壤物理、化学和生物特性的综合表现。

▲ 土壤

🌱 能变色的土

植物赖以生长的土壤中一旦含有不同成分的金属物质,就会产生不同的变异。例如,园林工人用施加铁、铝的办法可以使红绣球花属的一种植物的花变为蓝色。

我和环保

中国将每年的 3 月 12 日定为植树节,以鼓励全国各族人民植树造林,绿化祖国,改善环境,造福子孙后代。2015 年的植树节主题是:美化环境,清新空气。

🌱 抵挡风沙

在沙漠边上种植防护林可以有效地抵挡风沙的侵袭,土壤也会慢慢聚集在树木的附近。正是这些防护林,让沙漠重新恢复了生机。

▼ 沙漠边上种植的树木

不断减少的植被

人类的发展伴随着对森林的砍伐和破坏。随着人口的不断增长，人们对木材的需求也不断增加，加之人类的乱砍滥伐，使得植被数量正不断减少。

森林的作用

森林对提高环境质量有着极为重要的作用。据计算，1平方千米茂盛的阔叶林，每天能吸收二氧化碳约100吨，放出氧气70多吨，使环境空气净化，降水增加，冬暖夏凉，起到调节气候的作用。

森林

减少的森林

在人类的乱砍滥伐下，世界上的森林在不断减少。人类历史发展初期，世界上森林面积曾达到76亿公顷，但1862年时降到了55亿公顷，1975年时减少到26亿公顷。

▲ 森林被乱砍滥伐

人为的水灾

1998年，中国长江发生特大洪水灾害。经过专家分析，造成水灾的重要原因之一是长江上游的森林、植被被大量砍伐，造成树木的水调节功能减弱。这场灾难过后，人们开始植树造林，积极保护森林，遏制乱砍滥伐。

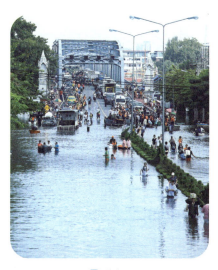
▲ 洪水

黄河本不黄

黄河原本也拥有清澈的河水。从远古时期，黄河沿途的人们就不断砍伐河边的树木，造成水土流失。大量的泥沙流入黄河，使黄河水逐渐被泥沙搅浑。渐渐泛黄的河水使人们将它命名为"黄河"。

▲ 黄河

不断消失的土地

在数千年的时间里,人类和沙漠的战斗总是以人类的失败而告终。大片的良田和绿洲被沙漠所吞噬,人类只能远离家园。随着人类环保意识的增强,一批批防护林被建立起来,抵御沙漠的进攻。

人为过失

自然的沙漠化现象是一种以数百年到一千年为单位的漫长的地表现象,而人为的沙漠化则以十年为单位。乱砍滥伐、过度放牧等造成土地荒废,沙漠漫延。由此带来的饥饿和灾难将以残酷的方式报复那些破坏自然的人类。

▼ 沙漠

被吞噬的绿洲

科学家在撒哈拉沙漠中发现了很多原始人的骸骨,最终证实撒哈拉沙漠在数千年前是气候宜人的绿洲。后来,沙漠吞噬了这些绿洲,将一个个人类文明埋葬。

▲ 沙漠绿洲

土地盐碱化

盐碱土是对盐土和碱土的统称。盐碱土分布十分广泛,约占陆地总面积的6.4%。仅中国,盐碱地的面积就有约100万平方千米。在山东省的黄河三角洲地带,每年新增加的盐碱地达60平方千米。

我和环保

保护土壤的最好方法就是植树。植树讲究"一垫二提三埋四踩":在挖好的树坑内垫一些松土,树木栽种的时候要提一提树干,起到梳理树根的作用,而埋树的土要分三次埋下,每埋一次要踩实土壤,其间至少要踩四次。

草原生物

"蓝蓝的天上白云飘,白云下面马儿跑。"这是一句描写草原的歌词。草原种类很多,不同的草原上分布着不同的动物。这些草原居民适应了草原的生活,离开草原将很难生存。因此,草原环境一旦出现问题必然导致草原生物的危机。

不见的牛羊

"风吹草低见牛羊"的诗句形容了草原的茂盛和富饶,但是牛羊过多也会危及草原的环境。因为一定面积的草原只能供给一定数量的动物,一旦过量,草原就会因无法及时恢复而荒芜。

▼ 草原上的羊群

草原上肆虐的老鼠

大气温室效应的加剧，导致草原干旱少雨。草原生态环境随着干旱和放牧压力的加大而严重恶化。老鼠开始大量繁殖，侵害草原，最终使草原变成一片荒凉的戈壁。

▲ 老鼠

▲ 屎壳郎

草原清道夫

澳大利亚草原上牛羊太多，排出的粪便使草无法正常生长，破坏了草原的生态平衡。为了维持生态，澳大利亚从中国引进了一批屎壳郎。屎壳郎进入草原后，很快将粪便清理干净，使草原恢复了生机。

草原战斗

草原上的兔子和老鼠如果繁殖过多，就会给草原带来严重破坏。于是，大自然安排了蛇和鹰来捕捉它们，使草原生态达到平衡。

海獭和海胆

海胆喜欢吃海水中的海藻,而海獭喜欢吃海胆。它们三者在水中构成了一个稳定的生物链,缺失了任何一环都会产生不可估量的后果。

海洋刺客

海胆在地球上已经存在了上亿年,它们喜欢生活在含盐度高的水域,喜欢吃海藻等海洋植物。海胆身上的刺放出的毒液能麻痹甚至毒杀其他动物,因此被称为"海洋刺客"。

▲ 海胆

海胆的天敌

海獭是海胆的天敌。睡觉或休息之前,海獭会用长长的海藻把自己和不会潜水的孩子绕起来。这样可以避免被海浪冲走或甩到礁石上丧命。

▲ 海獭

海胆的食物

海藻也叫海草,是人们常说的海带、紫菜等。海胆栖息在海藻繁茂的海礁石缝中,主要以海藻为食。海胆一旦大规模繁殖,咬食海藻的根,就会破坏海藻局部生态。

▲ 海藻

海獭的噩梦

海獭是稀有动物,只产于北太平洋的寒冷海域。海獭的身上长有动物界中最紧密的毛发。贪婪的人们为了获得这种珍贵的皮毛而大肆捕杀海獭,使得海獭的数量不断减少。

生态失衡

海獭被疯狂捕杀后,海胆开始没有节制地繁殖,破坏海藻群。而依赖海藻环境生存的一些鱼类也慢慢离去,以鱼类为主食的海狮也只得另觅新家。

▼ 海狮

身边的鸟类

翱翔在天空的鸟类是自然界的艺术品，优美的身姿为大自然增添了无尽的情趣和生机。很早的时候，鸟类就已进入了我们人类的生活，它们为人类传递信息，逗人们开心，是人类的好朋友。

勇敢的通信员

信鸽是一种机智、勇敢、坚毅的鸟，有着惊人的导航能力。人们利用信鸽天生的归巢本能进行航海或军事领域的信息传递。中国古代就有许多飞鸽传书的故事。

◀ 信鸽

我和环保

灰鹦鹉能熟练地背出1000多个人类常用的单词。不过，鹦鹉是经过驯养才有这么多知识的，它们没有思想和意识，因此不可能听懂人类的语言。

表演艺术家

鹦鹉拥有美丽的羽毛、聪明的头脑以及善学人语的技能。经训练后可表演衔小旗、接食、骑自行车、翻跟斗等新奇有趣的节目，是公园和动物园中不可多得的"表演艺术家"。

▲ 鹦鹉

▲ 鸬鹚

捕鱼高手

鸬鹚可以毫不费力地将浅水中的鱼捉住。在南方，渔民外出捕鱼时常带上驯化过的鸬鹚。渔民一声哨响，鸬鹚便跃入水中捕鱼。由于带着脖套，鸬鹚无法将捕到的鱼吞咽下去，只能叼着鱼返回船边。

美丽的孔雀

孔雀是一种极其美丽的鸟类。它们身上长满了五彩缤纷的羽毛，开屏时，更加动人。如今，孔雀成为人们竞相观赏的动物，具有极大的休闲和娱乐价值。

▲ 孔雀

鸟类的天敌

鸟儿可以尽情地在天空中畅游。不过，看似自由自在的生活也存在着种种危险，它们会受到各种捕食者的猎杀。除了鸟类本身的天敌外，人类的活动也极大影响了鸟类的生存。

天空的霸主

鹰是天空中的霸主，它们长有强有力的爪子和锋利的喙。巨大的翅膀可以使鹰飞得极快，而锐利的眼睛能看清楚十几千米外一只小鸟的一举一动。

▲ 鹰

恐怖的蛇

阴森恐怖的蛇是鸟类最大的敌人。鸟巢通常筑在高达十几米的大树上，其他动物很难捕捉到它们。但是蛇却可以毫不费力地爬到树上，捕食鸟巢中的雏鸟和鸟蛋。

▲ 蛇

爱吃鸟蛋的蜂猴

蜂猴是猴子中行动比较缓慢的一种。蜂猴特别爱吃鸟蛋。因为身材小,它们可以像其他吃鸟蛋的动物一样,轻松地爬到树上捕食雏鸟和鸟蛋,甚至捕食成鸟。

▲ 爬在树上的蜂猴

天性使然的猫

捕食老鼠是猫的天性,而捕食鸟类也是猫的天性之一。猫一见到小鸟就兴奋,即使吃饱了也有捕鸟的兴趣。猫是爬树的高手,因此也成为小鸟的强大敌人。

我和环保

生物走向灭绝是自然进化的结果。按照自然规律,每个世纪只有一种鸟类灭绝。但是现在,由于人类大肆破坏环境,这个速度提高了 50 倍。人类已成为鸟类最大的敌人。

▼ 猫

身边的哺乳动物

人类自诩为世间万物的主宰,但这并不意味着人类的身边没有其他的动物。在人类的身边生存着许多的动物,例如狗、猫、牛、猪等。因为这些动物,我们才不会变成孤家寡人,世界才变得精彩有趣。

忠实的伙伴

狗是人类亲密的朋友。狗已经被驯化,变得温驯而忠实,一见到主人就会不停地摇摆尾巴。狗的嗅觉很灵敏,能分辨200多万种气味。

狗

捕鼠能手

猫是人类身边最厉害的捕鼠能手。猫还没完全被驯化,因此有点儿孤僻。猫的夜视能力很好,只要有微弱的光线,就能看到老鼠;它的趾底有肉垫,捕鼠时不会惊跑老鼠;它的胡须可以测量它能通过的宽度。

▲ 猫捕老鼠

温驯能干的牛

牛体形粗壮,力大无穷,可为农业生产提供畜力。家养的牛全身都是宝,肉和乳可供食用,牛皮可做原料。野外生长的牛脾气很火爆。当成群的非洲野牛奔跑时,所有动物都会敬而远之。

我和环保

在古代,马是农业生产、交通运输和军事活动等的主要动力。马高大俊猛,善于奔跑,常作为将领的坐骑。例如,关羽骑的赤兔宝马可日行千里,夜走八百。

憨态可掬的猪

猪是一种憨态可掬的家畜,大耳朵和大鼻子是它最显眼的特征。和《西游记》里的猪八戒一样,猪喜欢睡觉、吃东西。猪不像我们想象的那么脏,它很爱干净,从不在吃睡的地方排粪尿。

▲ 两只可爱的小猪

灵长动物

猿和猴是灵长类动物家族中重要的成员。猿猴家族包括黑猩猩、长臂猿、金丝猴、猕猴等。尽管它们的形体大小、皮毛颜色、长相等和人类有很大的不同,但它们都是人类的近亲。

▲ 黑猩猩

黑猩猩

黑猩猩是与人类最相似的高等动物,和人类的基因相似程度超过98%。它们能发出几十种不同意义的叫声,不仅会使用工具,还会像远古人类一样制作简单的工具。

长臂猿

长臂猿身体细小,行动敏捷。它们的前臂很长,直立时可下垂着地,因此得名长臂猿。它们与人类有很多相似的地方,例如牙齿都是32颗,胸部只有一对乳头等。

▲ 长臂猿

神奇的生物圈

金丝猴

金丝猴是中国特有的珍贵动物。它们有着长长的金色皮毛、一张蓝色面孔和一条粗长的尾巴，外形小巧可爱。金丝猴的鼻孔极度退化，甚至仰面朝天，所以它们有"仰鼻猴"的别称。

▲ 金丝猴

▲ 日本猕猴

我和环保

蜂猴毛茸茸的圆脑袋两侧长着一对小耳朵。白天，它们蜷成球状藏在高大的树冠中、枝丫上或树洞里酣睡。它们行动非常缓慢，只有遇到危险时才有所加快，所以又叫懒猴。

猕猴

猕猴是中国常见的一种猴类。猕猴个体稍小，只有55~60厘米长。猕猴的头部呈棕色，背部长有棕灰或棕黄色的毛，而下部是橙黄或橙红色。猕猴是一种群居动物，常在石山峭壁、溪旁沟谷栖息。

狼和鹿

自然界遵循着优胜劣汰的进化法则,强者生存也是维系生物种群最好的方法。然而,人类一些无知的举动却打破了优胜劣汰的法则。

追逐鹿的狼

阿拉斯加自然保护区曾经是狼和鹿共同的家园。凶猛的狼常常把鹿群追得四分五裂,许多弱小的鹿成了狼嘴里的美食。为了生存,鹿总要不断地奔跑,来强健自己的体魄。

▲ 狼群追逐猎物

神奇的生物圈

▲ 鹿群

人类干预

人们很同情弱小的鹿，于是杀掉了袭击鹿群的狼。几年后，阿拉斯加自然保护区已经几乎找不到狼了。失去了狼的威胁，鹿群迅速繁殖壮大，种群数量不断增加。

死于安乐

失去天敌的鹿没有任何危机，不再需要奔跑。缺乏锻炼的它们，体质、体能与健康状况不断下降，导致幼鹿成活率很低，种群数量大幅下降。

我和环保

生物学家发现，一些地方鼠害严重是因为当地的蛇类被大量捕杀；农田虫害增加是因为青蛙被捕杀。因此，为了保护庄稼，我们应该保护青蛙、蛇等对人类有益的动物。

生于忧患

人们为了保护鹿而去杀狼，这就破坏了自然界的平衡。人们保护鹿的愿望不但得不到实现，而且还给鹿带来了灭顶之灾。明白到过错的人类急忙将狼请了回来。从此，鹿又重现了生机。

▲ 狼

食物链

俗话说"大鱼吃小鱼,小鱼吃虾米,虾米吃泥巴",这是对食物链最生动的描述。它反映了生态系统中捕食者与被捕食者的关系。一个物种灭绝,就会破坏生态系统的平衡,导致其他物种数量的变化。因此,食物链对环境有非常重要的影响。

食物链的定义

食物链也称营养链,是生物群落中各种动植物和微生物彼此之间由于摄食的关系(包括捕食和寄生)所形成的一种联系。

角色划分

生态系统中的生物种类繁多,不同物种在生态系统中扮演的角色也各不相同。根据它们在能量和物质运动中所起的作用,可以归纳为生产者、消费者和分解者三类。

恶性循环

如果一种有毒物质被食物链的低级部分吸收，如被草吸收，虽然浓度很低，不影响草的生长，但兔子吃了草之后，有毒物质会逐渐在它体内积累。鹰吃大量的兔子，有毒物质会在鹰体内进一步积累。鹰死亡后尸体腐烂，毒物再次进入土壤。

自食恶果

工业排放物很多都对人体和自然界有害，一旦被土壤吸收，就会将毒输送给植物。动物或者人吃了这些有毒的植物就会产生疾病。人类是食物链的最顶端，所以污染食物链就等于自杀。

▲ 食物链

我和环保

1927年，英国动物生态学家埃尔顿首次提出"食物链"这个词。1932年，他在牛津大学建立了动物种群研究所。该所后来成为国际性动物数量和生态学的研究和情报中心。

森林的危机

森林是世界的肺,它给全球生物提供生存所需的氧气,调节大气的循环。森林中的动物和树木相伴,任何一方失去对方都将面临生存危机,而能解决这个危机的也正是制造这些危机的人类。

不断消失的鸟类

过去"春眠不觉晓,处处闻啼鸟"的生活在今天的城市里已经很难看到了。鸟儿都去哪里了?科学家推断,在过去400多年中,地球上约有1.2%的鸟类灭绝,近150年来,鸟类灭绝了80多种,有1000种濒临灭绝。

消失原因

人们的捕杀、对森林的乱砍滥伐以及对环境的污染,是造成鸟类灭绝的主要原因。在森林动物的眼中,乱砍滥伐的人类就是凶恶的入侵者。

▼ 乱砍滥伐树木

黄石国家公园

1832年,一个美国艺术家在旅行的路上,看到美国西部大开发对印第安文明和当地野生动植物的破坏而深表忧虑,他倡导建立一个国家政策性的大公园以保护生态环境。1872年,美国国会批准设立了世界上最早的国家公园——黄石国家公园。

▲ 美国黄石国家公园

我和环保

春秋时,著名宰相管仲曾说"十年之计,莫如树木",明确指出,植树造林是一个长久之计。明朝皇帝朱元璋,大力鼓励种树,严令家乡凤阳的居民每年必须种桑树、枣树和柿树各两棵。

保护措施

当森林逐渐减少,很多动物永远地离我们而去的时候,人类开始思索自己的过失,弥补犯下的错误,以避免更多的动物种群灭绝。植树造林、退耕还林等都是人类积极弥补的措施。

▼ 植树

麻雀和樱桃

至高无上的国王，可以按照自己的意愿要求国民为他服务。但是，自然界不会照顾任何人的地位和身份。违反了自然界的规律，无论是谁都要受到惩罚。普鲁士的国王就被麻雀折腾了好几年，他从杀麻雀到请麻雀回来究竟经历了怎样的过程？看了下面的故事你就明白了。

▲ 樱桃

荒唐的国王

18世纪，普鲁士的国王腓特烈大帝很喜欢吃樱桃。令他感到懊恼的是，麻雀也喜欢吃樱桃。为了保护自己的樱桃不被这些馋嘴的麻雀吃掉，他开始想方设法消灭这些麻雀。

荒唐的法令

1774年，腓特烈大帝以麻雀偷吃粮食为理由颁布了一道法令。他下令在全国范围内消灭麻雀，并宣布杀死麻雀有奖赏。民众为了获得奖赏，开始争相捕捉麻雀。

我和环保

1955年，中国将老鼠、麻雀、苍蝇、蚊子列为"四害"。1960年，在中国著名科学家朱洗等人的建议下，用臭虫替换麻雀作为新的四害成员，麻雀这才得以保全性命。

肆虐的害虫

消灭麻雀的悬赏令颁布几年之后,麻雀从普鲁士的国土上消失了。然而,害虫开始肆无忌惮地繁殖和侵害农作物,严重影响了农业收成。粮食收成减少,果树叶子被吃光,连果子都不结,最后造成了大饥荒。

▲ 麻雀

麻雀回归

饱受虫灾之后,腓特烈大帝意识到他的法令带来了严重后果,于是收回了法令,派人从国外引进麻雀。这些麻雀来到普鲁士后,普鲁士的果树才恢复了生机。

▼ 如果没有麻雀来捕食害虫,那么我们损失的粮食将比麻雀吃掉的还多。

企鹅体内的农药

做饭之前,我们会仔细地清洗蔬菜,以去除蔬菜上的农药。一些烈性农药已经被国家禁用了,因为它们会污染大气、水和土壤。奇怪的是科学家竟然在远离人类的南极企鹅身体里发现了农药的成分。

企鹅肚子中的有毒物质

美国研究人员在南极考察时发现,在全球大部分国家禁用杀虫剂DDT数十年后,南极阿德利企鹅体内仍检测出这种有毒物质,且含量多年来始终不降。他们认为,这是因为DDT被"储存"在冰川中,持续影响南极生态环境。

我和环保

南非政府为一群濒临灭绝的企鹅制订一个保护计划,提供玻璃纤维的圆顶小屋来供企鹅栖息,希望以此来弥补由于环境恶化而引起的自然鸟巢地的损坏。

▼ 企鹅

DDT 到南极

南极没有农田种植,也没有喷洒农药的行为发生,DDT 是如何到南极的?据科学家分析,这可能是因为 DDT 等化学物质被蒸发后经大气层传播到南极,然后冷凝"储存"到冰川中。证据之一是研究人员在冰川融化后的水中检测出了 DDT。

▲ 冰川融化

企鹅的安危

虽然南极企鹅体内的 DDT 含量没有下降多少,但幸运的是这些 DDT 还不足以伤害它们的健康。科学家还欣慰地发现,在过去的数十年中,北极野生动物体内的 DDT 含量在大幅下降。

毒素蔓延

当海豹等动物吃了企鹅后,毒素就会转移到海豹身上。如果再有其他动物吃了这些企鹅或者海豹,毒素会进一步传播开。

DDT 的巨大危害

在科技发展起来后，人类可以利用形形色色的杀虫剂，有效地杀死那些危害农作物的害虫。但是，一些含有剧毒的农药开始渗入土壤，进入农作物里，最终缓缓地进入食用这些作物的人类体内。

什么是农药？

农药是为了保障或者促进作物成长所施用的杀虫、除草等多种药物的统称。这些药物具有或强或弱的毒性，不仅会杀死害虫，也会杀死其他生物，对人体也有一定的危害。

▼ 农药

功与过

DDT 并不是毫无功劳的，它为20世纪上半叶防止农业病虫害，减轻疟疾、伤寒等蚊蝇传播的疾病危害起到了不小的作用。由于毒性太大，危害环境和人类健康，DDT被禁止使用了。

DDT

DDT也叫"滴滴涕""二二三"，化学名为双对氯苯基三氯乙烷，中文名称是从英文缩写DDT而来。DDT是白色晶体，不溶于水，溶于煤油，是有效的杀虫剂。

▲ DDT分子模型

危害人体

DDT是一种易溶于人体脂肪，能在体内长期积累的有毒人造有机物。它可以扰乱人体的荷尔蒙分泌，降低人体免疫力，甚至导致癌症发生。

我和环保

DDT最先在1874年被分离出来，但是直到1939年才由瑞士诺贝尔奖获得者化学家保罗·穆勒所重新认识。穆勒认为DDT对昆虫来说，是一种有效的神经性毒剂。

进入人体

DDT本来是不会轻易进入人体的，因为没人会傻到去喝农药。但是，没有洗干净的菜叶，或者误食沾有DDT植物的动物体内都会或多或少含有DDT。人类一旦食用了这些食物，就会将DDT引入体内。

▼ 我们经常吃的蔬菜如果洗不干净，就会将DDT带入体内

DDT 的功过

1945 年，一种喷洒白色药剂的车辆进入美国人的生活。从此，蚊虫不再肆虐，农田里的害虫大批死亡，农业出现大丰收。但在 1972 年，美国环保署还是禁止了这种叫 DDT 的白色药剂。

辉煌的历史

在人类历史上，DDT 曾是最流行的杀虫剂。DDT 在第二次世界大战中开始以喷雾的方式大量用于对抗黄热病、斑疹伤寒、丝虫病等虫媒传染病。例如，在印度，DDT 使疟疾病例在 10 年内从 7500 万例减少到 500 万例。

▼ 杀虫剂

我和环保

美国生物学家蕾切尔·卡逊在她的著作《寂静的春天》中对 DDT 产生了高度的怀疑。她在文中描述：突然有一天，在田野、江河和草原上，大批鸟儿死亡，遍地死鱼，很多人得了癌症。

邮票图案

1962年的世界卫生日,各国为响应世界卫生组织的建议,都发行了世界联合抗疟疾邮票,这是全世界以同一主题同时发行的邮票。许多国家的邮票图案都不约而同地采用了喷洒DDT灭蚊的画面。

巨大危害

鸟类体内含DDT会导致产下不能孵化的软壳蛋,尤其是处于食物链顶极的食肉鸟,如美国国鸟白头海雕几乎因此而灭绝。对于人来说,DDT可能导致人体免疫力下降或者引发癌症。

▼ 白头海雕

全面禁用

为了保护生态环境,保障人类的身体健康,许多国家先后禁止了DDT的生产和使用。2007年5月3日,世卫组织公共卫生和环境司司长玛丽娅·内拉在塞内加尔的斯德哥尔摩公约签署会议上说,世界卫生组织的目标是要减少DDT的使用,甚至完全禁用。

蚂蚁的共生生活

树叶上有很多蚜虫在贪婪地吸食着汁液,瓢虫和蚂蚁悄悄地靠了过来……令人出乎意料的是:蚂蚁非但没有吃蚜虫,还把瓢虫赶走了!蚂蚁为什么要保护蚜虫呢?原来,这是生物共生的一种表现形式。

蚂蚁的伙伴

蚜虫是靠吸食植物的汁液生活的。它的粪便亮晶晶的,含有丰富的糖,我们称之为"蜜露"。蚂蚁非常爱吃蜜露,常用触角拍打蚜虫的背部,促使蚜虫分泌蜜露。人们把蚂蚁的这一动作叫作"挤奶",把蚜虫比喻为蚂蚁的"奶牛"。

蚜虫

我和环保

蚂蚁和蚜虫是好朋友,它们之间形成了一种相互适应的共生关系:蚜虫为蚂蚁提供食物,蚂蚁保护蚜虫,给蚜虫创造良好的取食环境。它们各取所需,形成了双赢的局面。

管理牧场

秋天到了,蚂蚁会把"奶牛"——蚜虫赶到蚁巢里养起来,等春暖花开时,再把"奶牛"送到绿树或青草上。搬运蚜虫时,蚂蚁用颚牢牢地叼住蚜虫,蚜虫也配合得很好,它们顺从地收缩起小腿,以免挂在树枝上。

▲ 一堆蚜虫

奇特的乞丐虫

乞丐虫是一种长度仅有5~6毫米的棕红色小甲虫。饥饿的时候,它们只要轻轻碰一下路过的蚂蚁,就会获得食物。令人不可理解的是,当蚁巢遭到侵袭时,蚂蚁总是先抢救乞丐虫,再去救自己的幼虫。

沉迷的原因

科学家研究发现,乞丐虫会分泌一种醚类汁液给那些路过的蚂蚁。蚂蚁对乞丐虫渗出物的偏爱,就像有的人喜欢抽烟、喝酒一样。蚂蚁正是因为沉迷其中,才会做出连自己下一代都不顾的蠢事。

▼ 蚂蚁

蚂蚁和蓝蝶

空中飞舞的蝴蝶和地上爬行的蚂蚁是一对好朋友,你觉得可能吗?其实,蚂蚁的"牧场"里不仅仅有蚜虫,还有很多其他的昆虫幼虫。蝴蝶的幼虫就是这里的常客,一些蚂蚁甚至还会将自己的幼虫贡献给这些蝴蝶的幼虫做食物。

蚂蚁的策略

单从数量上看,我们的地球是由昆虫统治的。地球上已知有大约1万种蚂蚁,它们是数量最多的昆虫。蚂蚁和很多生物形成了共生关系,这种关系不仅是相互利用,更是一种相互依存。

▲ 蚂蚁

诱惑蚂蚁的蓝蝶

成熟的蓝蝶个头较小,和一张邮票差不多大。它们在幼虫阶段,腹部有很多腺体,所分泌出的挥发性物质,具有诱惑蚂蚁的香味。于是,蓝蝶幼虫成了蚂蚁的食品供应站。

▲ 蓝蝶

互利共生

在寒冷的冬天,蓝蝶的幼虫经不住严寒的袭击,这时,蚂蚁会把它们搬进自己温暖舒适的蚁穴里。蚂蚁吸食蓝蝶幼虫分泌的蜜露,而把它们自己的幼虫作为食物奉献给这位贵客。

▶ 蚂蚁吸食蓝蝶幼虫分泌的蜜露

伙伴反目

春天来临,破茧而出的蝴蝶不再给蚂蚁提供任何东西。此时,它们成为蚂蚁攻击的目标。幸好,这些蝴蝶身上长着一层细小的鳞屑。当蚂蚁攻击它们时,鳞屑纷纷剥落。蝴蝶趁机摆脱蚂蚁,挥动翅膀飞走了。

害虫还是益虫?

有人说蚂蚁是害虫,因为它会给人类带来危害,例如吃植物的根和茎。然而,有不少蚂蚁对人类是有帮助的。例如,有一种竹筒蚁可捕食害虫。在中国的台湾和福建,利用竹筒蚁防治甘蔗螟虫已有相当长的历史。

▼ 蚂蚁

欧洲蓝蝶的消失

一种奇怪的现象笼罩了英国的田野。有一种叫"欧洲蓝蝶"的美丽蝴蝶忽然变少了。谁也猜不出,这种会飞的美丽"花朵"上哪儿去了。科学家通过不断的观察发现,原来是另外一种动物的灭绝导致了欧洲蓝蝶的减少。

灭绝的欧洲蓝蝶

科学家进行了广泛的调查研究后发现,欧洲蓝蝶已经在英国绝种了。而引起欧洲蓝蝶绝种的原因,竟然与两种蚂蚁息息相关。

▼ 欧洲蓝蝶

欧洲蓝蝶的死因

英国人没有想到,由于他们破坏了两种细小蚂蚁的生活环境,导致了它们的灭绝。更让自然爱好者们难过和震惊的是,蚂蚁的死把欧洲蓝蝶送上了绝路。因为蚂蚁与欧洲蓝蝶之间存在着生死与共的关系。

▲ 蚂蚁

人类的罪恶

人类在很多物种的灭绝案件中都扮演着凶手的角色。为了建设施工,隆隆的推土机无情地破坏了蚂蚁的生存环境,直接导致两种稀有的蚂蚁种群灭绝。

▲ 推土机在推土

殃及池鱼

大自然复杂而有趣。地上爬的蚂蚁和空中飞的欧洲蓝蝶,居然是同生共死的盟友。推土机灭绝了两种蚂蚁,"城门失火,殃及池鱼",与蚂蚁相依为命的欧洲蓝蝶也随之消失,仅给人们留下了美好的记忆。

▲ 欧洲蓝蝶

濒危的生物

在地球演变的过程中,生物的进化和灭绝都是必然的。但现代野生动植物快速灭绝的现象并不源于自然演化,而是人类的行为所致。很多动物本可以活得更久远一些,然而在人类的屠杀下却迅速灭绝了。

自然选择

地球是人类已知的宇宙中唯一存在生命的星球。自生命诞生以来,地球上出现过许多生物种类。受气候、地形和生物间竞争的影响,一些生物品种被淘汰了。

▼ 大熊猫属于国家一级保护动物

神奇的生物圈

加速消失的物种

科学家估算地球约有5000万个物种。迈尔斯在《消失的方舟》一书中列出的物种每年灭绝的速度是：恐龙时期0.001个，1600~1900年0.25个，1900年1个，1975年1000个，1975~2000年4000~40000个。

▲ 金丝猴是中国特有的珍贵动物

消失的原因

根据国际自然保护联盟的报告，野生动植物灭绝的主要原因有：生态环境特别是热带林、珊瑚礁、湿地、岛屿等环境的破坏和恶化；人类掠夺性的捕猎和砍伐；外来物种的影响；栖息环境被毁和食物不足。

我和环保

2006年，联合国和平信使珍·古道尔博士被授予法国军团荣誉勋章。她同时被联合国教科文组织授予联合国教科文组织60周年勋章，表彰她为保护濒临灭绝的非洲黑猩猩做出的贡献。

人类就是凶手

人们穿着貂皮大衣，手里拿着鳄鱼皮包的时候，可曾想过有多少动物倒在了人类罪恶的枪口下。因人类行为而导致野生动植物快速灭绝，已成为地球环境的突出问题之一。

▲ 孟加拉虎是濒临灭绝的野生动物之一

外来生物入侵

一个地区有它固有的生态圈。稳定的食物网使得生活在其中的每一种生物都能够均衡地发展。一旦有不属于这个食物网的物种进入,就会打破已有的食物链,从而影响整个生态圈。

什么是生物入侵?

生物入侵是指动物、植物、微生物随着人类活动传播到它们的正常分布区域之外,打破了生物分布格局,导致生物种群重新分布的现象。生物入侵不仅会导致当地物种变化,而且会破坏当地的生态系统,给生物资源的开发利用造成难以估量的损失。

疯狂的水葫芦

水葫芦也叫水浮莲、水凤仙,原产南美洲,现已被列为世界十大害草之一。20世纪30年代,水葫芦作为畜禽饲料引入中国。目前,中国滇池内连绵10平方千米的水面上全部生长着水葫芦,严重影响了滇池的生态系统。

◀ 水葫芦

龙虾的危害

很多人都吃过麻辣小龙虾。硕大的虾头，通红的外表，再加上物美价廉，使得小龙虾深受客户欢迎。然而，这种原产于墨西哥的克氏原螯虾有打洞穴居的习惯，会对池塘、湖泊和水库的安全造成极大威胁。

▲ 小龙虾

▲ 美国白蛾在枫香树上

严重的危害

中国已成为外来生物入侵最严重的国家之一。据统计，松材线虫、湿地松粉蚧、松突圆蚧、美国白蛾等森林入侵害虫每年危害的面积约1.5万平方千米。外来生物一旦入侵成功，要彻底根除极为困难，而且费用昂贵。

物种引进

外来物种与我们的日常生活密不可分。我们吃的小麦原产地在中亚和近东，石榴、核桃、葡萄原产于近东，胡萝卜、菠萝原产于印度。而美国加州70%的树木、荷兰市场上40%的花卉、德国的1000多种植物都源自中国。

▲ 豚草原产于北美洲，已被中国列入首批16种危害严重的外来入侵物种之一

一物降一物

"一物降一物"的意思是,一种生物往往会被另外一种生物制服或者伤害。例如,凶狠的豺狼会被狮子吓跑,而狮子再威猛也惧怕大象。人类可以利用这个方法达到无公害治理环境的目的。

不甘平庸的仙人掌

澳大利亚原先没有仙人掌,一位牧场主去南美洲旅行时将它带回,种在了自己牧场的四周做栅栏。生命力极强的仙人掌不甘于做牧场的栅栏,开始向牧场进军。十年后,澳大利亚几十平方千米的牧场成了仙人掌的王国。

▼ 不甘平庸的仙人掌

降伏仙人掌

为什么仙人掌没有给南美洲造成灾难呢?显然,南美洲有降伏仙人掌的天敌。澳大利亚昆虫学家阿连·铎特经实验发现,仙人掌的天敌是一种昆虫。也就是说,要控制仙人掌的生长,还必须引进其天敌。

▲ 夜蝴蝶

仙人掌的克星

引进仙人掌已经让澳大利亚人吃了亏,他们不想继续找麻烦,所以对引进仙人掌的天敌很谨慎。多次试验后,他们终于圈定了夜蝴蝶。夜蝴蝶只吃仙人掌,不吃澳大利亚的其他植物,尤其是农作物。同时,它们不会威胁澳大利亚本土昆虫的生活。

夜蝴蝶的功劳

当夜蝴蝶来到澳大利亚后,很快就结束了仙人掌灾难。仙人掌少了,夜蝴蝶没的可吃,数量也逐渐减少,没有给澳大利亚造成新的灾难。

烦恼的夏威夷

夏威夷岛是夏威夷群岛中最大的岛屿,这里物产丰富,有大量的热带经济作物。但是,来往的船只带来了大量老鼠,严重破坏了当地的生态环境。于是,一场消灭老鼠的可笑闹剧上演了。

美丽的夏威夷

夏威夷是一个风景迷人、物产丰富的岛屿,这里有很发达的制糖工业。夏威夷还是一个旅游胜地,世界各地的游客往来不断。

▼ 夏威夷

肆虐的老鼠

夏威夷的老鼠是跟着各种货物"偷渡"进来的。因为没有天敌，老鼠肆意地繁衍，它们在夏威夷大大小小的岛上建立了许多"殖民地"。老鼠不只给居民生活造成困扰，最糟的是它们严重破坏了夏威夷的制糖工业。

▲ 老鼠

登场的猫鼬

要捕捉这些老鼠光靠人类是不够的。因此，人们想要一种动物，它要具备快速适应新环境的能力、凶猛的攻击性和高度的繁殖力，最重要的是要爱吃老鼠。在人们脑海里立刻出现的就是猫鼬的形象，它符合以上所有特点。

无奈的结果

令人不解的是，引进猫鼬后，老鼠的数量并没有减少，反而野生的鸟类被猫鼬骚扰得无法生存。原来，猫鼬只在白天出来捕食，晚上就回去睡觉了。老鼠恰恰相反，晚上才出来行动。因此，它们根本没有机会碰面。

▼ 猫鼬

人兔大战

捕 猎兔子是很多猎人的爱好。然而,当你身边突然出现成千上万只兔子时,恐怕你就不会再有兴致去体会打猎的乐趣了。而这场规模宏大的"人兔大战"就在澳大利亚上演着。

铁丝网长城

侵入澳大利亚的兔子啃光了当地的草皮,导致土地沙漠化,进而危及袋鼠的生存空间。澳大利亚政府为抑制兔子繁殖的速度,筑起一条长达1560千米的铁丝网长城,然而依旧无济于事。

▼ 澳大利亚袋鼠

神奇的生物圈

人类行动

兔子入侵澳大利亚，造成了一场前所未有的环境灾难。为此，澳大利亚政府动用军队，全副武装出击，对兔子进行歼灭，但收效甚微。随后，他们又对兔子采取了更残忍的细菌战。

▲ 兔子

消除兔子的细菌战

1951年，澳大利亚从南美洲引进了一种能使兔子致死的病毒。结果，99%以上的兔子病亡，兔害基本消除。

我和环保

1981年，中国广东引进了一种福寿螺，但由于养殖过度，市场效益差，而被遗弃或逃逸。福寿螺很快扩散到自然界，除威胁当地的水生贝类、水生植物，破坏食物链构成外，还携带大量病菌，传播疾病，因此被中国列入首批外来入侵物种。

死灰复燃

少数大难不死的兔子对病毒产生了抗性，于是又重新生儿育女。1993年，澳大利亚的兔子再次达到4亿余只，以致澳大利亚的"人兔大战"至今还在继续。

▲ 兔子的生命力是很顽强的

蛇的命运

农夫和蛇的故事中,农夫救起了冻僵的蛇,而蛇醒过来后却咬死了农夫。在诸多故事中,蛇都是一个邪恶的角色,屠杀和捕捉蛇也被看作天经地义的事。其实,这些错误的观点正在扼杀一条条忠于职守的环保卫士。

蛇的作用

世界上的毒蛇种类并不多。比如,北京约有13种野生蛇类,其中只有1种是有毒的。蛇在维护生态平衡方面起着极其重要的作用,是不可替代的。

蛇

神奇的生物圈

金钱的诱惑

一些人爱吃蛇肉或将其用作药材。因此，蛇肉被以数百元一斤的高价出售。巨大的利润吸引了不法商贩，他们在野外疯狂捕杀野生蛇类。

我和环保

一些不法商贩只有金钱意识而没有环保意识，他们违法抓蛇贩卖。我们要坚决抵制吃蛇和青蛙等野生动物的行为，而且一旦发现有人贩卖要及时举报。

农田里的争斗

老鼠、蛇、青蛙等动物组成了最基本的农田生态食物链。老鼠繁殖率高，数量众多，主要以农作物为食。青蛙和老鼠都是蛇的食物。在蛇的制约下，老鼠数量得到控制。但是，蛇太多了又会影响到青蛙的安全。

◀ 对于蛇来说，老鼠和青蛙都是它的美餐。蛇吃老鼠是对环境有利的事情，但是蛇大量地吃青蛙就不是好事了。

有用的蛇

蛇浑身都是宝，这也成为蛇被捕杀的原因之一。蛇皮可以做成皮革制品，蛇胆可以入药治疗疾病。多数蛇类都会避免与人类发生接触，不会主动攻击人类，除非它们受到惊吓或伤害，才会发动攻势。

恐怖的老鼠

老鼠的名声一直不太好，因为它们不但喜欢偷吃人们辛苦种出的粮食，还会传染疾病。直到今天，老鼠也是粮仓重点防范的动物之一。老鼠带来的疾病曾经夺去了无数人的生命，它们在人们的心中一直是瘟疫的代名词和死神的帮凶。

欧洲鼠疫

中世纪的欧洲曾经暴发了一场大瘟疫，老鼠身上的寄生虫将鼠疫传播到了人类身上。这场瘟疫在全世界造成了大约 7500 万人死亡。据估计，中世纪的欧洲约有三分之一的人死于瘟疫。

▲ 黑死病

黑死病

黑死病的一种症状，就是患者的皮肤上会出现许多黑斑，所以这种特殊瘟疫被人们叫作"黑死病"。对于那些感染上该病的患者来说，痛苦地死去几乎是无法避免的。

天敌灭鼠

消灭老鼠最好的方法不是药物或者人类捕杀,而是利用蛇和猫头鹰等老鼠的天敌进行控制。人类为了利益捕杀了蛇,也就等于是为老鼠的大量繁殖提供了基础,而老鼠最终会侵害人类,所以,捕杀蛇是人类的自杀行为。

▲ 猫头鹰

需要磨平的牙齿

老鼠咬坏木头家具并不是因为它们爱吃木头,而是要磨平它们的牙齿。老鼠属于啮齿动物,大门牙会不停地生长,所以老鼠总是以啃咬衣柜、木箱的方式磨去过长的门牙。

▲ 老鼠

震后的疫病

地震是可怕的,但是地震过后的疫病灾害比地震更可怕,也更持久。地震之后,很多地方的水源和生态环境都被破坏了,这时,一旦让携带细菌的老鼠进入幸存者的聚集地,就很容易引起大范围的疫病。

▼ 一群老鼠

间接伤害

常听人说吸二手烟的人要比吸烟的人受到的危害更大。有时候,还会有人说,杀虫剂在杀死蚊虫的同时,也在威胁着人类的健康。这些都是真的吗?让我们看看科学家的说法。

有毒的香水

很多香水以及空气芳香剂都添加了具有一定毒性的香料,这些香料会对使用者的身体健康造成一定的危害。周围人群吸闻到含有有害物质的"二手香",也会使自身健康受到损伤。因此,孕妇和婴幼儿应该远离香水和芳香剂。

香水

毒鸡蛋

人们在鸡饲料中添加了能增加蛋白质含量的有毒物质——三聚氰胺。结果这些鸡所下的蛋中都含有了有毒的三聚氰胺。而人们吃到这些毒鸡蛋就会引发疾病。

有危害的蚊香

点一盘蚊香释放出的超细微粒和烧 75~137 支香烟的量相同，其释放的超细微粒可以进入并留在肺里，短期内可能引发哮喘，长期则可能引发癌症。因此，蚊香不能长期使用，即使使用也要保持通风良好。

▲ 蚊香

二手烟含有大量有毒物质

二手烟是在室内点燃烟草时随着烟雾释放出来的物质，会引发严重的室内空气污染。二手烟中包含 4000 多种物质，其中包含 40 多种与癌症有关的有毒物质。

被动吸烟

2007 年 5 月 29 日，卫生部发布了《2007 年中国控制吸烟报告》。报告指出，中国有 5.4 亿人遭受被动吸烟之害，其中 15 岁以下儿童有 1.8 亿，每年死于被动吸烟的人数超过 10 万，而被动吸烟危害的知晓率却只有 35%。

▼ 吸烟

生态系统中的水

水是生态系统中最重要的一环，不仅维系着大气的循环，也蕴藏着生命。水体中正常的食物链是：由绿藻吸收水中的氮和磷，浮游生物吃绿藻，小鱼吃浮游生物，大鱼吃小鱼……如此循环才能维持水体的勃勃生机。

▲ 河流污染

河流的威胁

河流生态系统正受到非持续性开发、有限淡水资源过度利用和不合理利用等威胁。在世界上500条主要河流中，有约250条因过度利用而严重污染和枯竭。

丧失的湿地

世界上一半的湿地已经丧失，而且大多发生在过去的50年间。富饶的湿地孕育了丰富的野生生物，湿地的丧失将直接导致以湿地为生的物种消失，也将不可挽回地损坏生态系统中的生物多样性。

▲ 湿地

退化的湖泊

世界湖泊中有将近一半因为人类活动而退化,主要的威胁是过度捕捞、污染和物种引进等。这些威胁来自不断增长的人口、城市的扩张和无节制的工农业建设。

▲ 湖泊退化

水体富营养

从20世纪60年代开始,随着工农业的发展,水域中积聚了许多人类活动排放的氮、磷等营养物,导致水草、藻类等大量繁殖,引起湖泊、河、海等水体水质恶化、鱼群死亡等。

浮游生物迅速繁殖

水体中的藻类及其他浮游生物迅速繁殖,会大量消耗水中氧气。整个水体因缺氧而发臭,最终造成藻类、浮游生物、植物、水生物和鱼类衰亡甚至绝迹。

▼ 漂在河里的死鱼

环境科学丛书

人口危机

1987 年7月11日,时任联合国秘书长佩雷斯·德奎利亚尔专程赶到南斯拉夫看望一个新降生的男婴,因为他是地球上第50亿位公民。佩雷斯·德奎利亚尔此行的目的是通过孩子的降生来唤起全世界对人口增长的忧患意识。

人口快速增加

据统计,400年前,全世界人口只有5亿。而短短的200年后,也就是1804年左右,世界人口达到了10亿。又过了100多年,世界人口在1987年达到了50亿。到了1999年,世界人口更是突破了60亿。

地球的极限

按照地球现有的动植物数量以及人类每天消耗的能量来说,地球仅仅能养活不到50亿人。今天,地球上的人口早已超过50亿,之所以能维持下去,是因为世界上有很多人在挨饿。

▼ 挨饿的难民

人口与环境

一直以来，人们总是将人口问题和环境问题看成是两个不同领域的事情。其实，人口的不断增加早已破坏了生态环境和生态平衡。

▲ 人口过剩不仅会使自然资源负荷过重，而且还会对环境造成巨大污染

被迫的人类

为了满足众多人口的基本生存需要，人类不得不超额砍伐森林、开垦草原、开采地下矿产等，这些行为引起了严重的环境污染并破坏了原有的生态平衡。

保护家园的措施

人是自然界的一分子，要想使人与自然协调发展，一方面人类要控制人口的盲目增长，另一方面要开拓更多的食物来源。否则，人类终将陷入无休止的灾难中。

▽ 拥挤的人群

保护生态

1972年6月5日至16日,联合国在瑞典斯德哥尔摩召开了人类环境会议,通过了《人类环境宣言》。这次会议成为了人类环境保护工作的历史转折点。它加深了人们对环境问题的认识,扩大了环境问题的范围。

生物链条中的人类

我们身边的动物、植物、微生物都是人类的朋友。我们和其他生物一样,都是生物链中重要的一环,缺失哪一环都会对生态造成巨大影响。保护生物链不断裂,也是保护我们人类自身。所以,请珍惜我们身边的生物。

生物多样性减少

生物多样性减少是指包括动植物和微生物在内的所有生物物种,由于生态环境的丧失、资源的过度开发、环境污染和引进外来物种等原因,而不断消失的现象。

◁ 世界各地的人们都以不同的方式来表达对环境保护的重视,植树造林是最普遍的方式之一

神奇的生物圈

▲ 改善汽车排气量,可以减少对大气的污染

可持续发展的战略

1992年6月,在巴西里约热内卢召开的联合国环境与发展大会,提出了"可持续发展的战略"。其基本思想是:在不危及后代人需要的前提下,寻求满足我们当代人需要的发展途径。

发烧的地球

温室效应是指二氧化碳、氧化亚氮、甲烷、氟利昂等温室气体大量排向大气层,使全球气温升高的现象。据估算,2014年,全球向大气中排放的二氧化碳达到了323亿吨。

我和环保

水龙头如果没关紧就会不停地滴水。别小看这个水滴。据统计,1小时不断地滴水可以聚集3.6千克左右的水,一天可以收集86千克水。所以,请随手关上那些不停滴水的水龙头。

节约水资源

世界的年耗水量已达7万亿立方米。工业废水的排放、化学肥料的滥用、垃圾的任意倾倒、生活污水的剧增,使河流变成阴沟,湖泊变成污水地,加之乱砍滥伐造成大量水分蒸发和流失,使得饮用水在急剧减少。

▲ 节约用水

环境科学丛书
Series of Environmental Science

神奇的生物圈